D1726013

Elena Maja Slomski

Einführung von Projektmanagement-Standards im Maschinenbau

Individuelle Anpassung für die werkstofftechnische Forschung und Materialprüfung

Diplomica® Verlag GmbH

Slomski, Elena Maja: Einführung von Projektmanagement-Standards im Maschinenbau: Individuelle Anpassung für die werkstofftechnische Forschung und Materialprüfung, Hamburg, Diplomica Verlag GmbH 2011

ISBN: 978-3-8428-5492-5
Druck: Diplomica® Verlag GmbH, Hamburg, 2011

Bibliografische Information der Deutschen Nationalbibliothek:
Die Deutsche Nationalbibliothek verzeichnet diese Publikation in der Deutschen
Nationalbibliografie; detaillierte bibliografische Daten sind im Internet über
http://dnb.d-nb.de abrufbar.

Die digitale Ausgabe (eBook-Ausgabe) dieses Titels trägt die ISBN 978-3-8428-0492-0
und kann über den Handel oder den Verlag bezogen werden.

Danksagung

Bedanken möchte ich mich bei Frau Prof. Christina Berger, der damaligen Leiterin des *Zentrums für Konstruktionswerkstoffe Staatliche Materialprüfungsanstalt Darmstadt Fachgebiet und Institut für Werkstoffkunde (MPA/IfW)*, für die Schaffung eines entsprechenden Rahmens und der Voraussetzung für die Durchführung dieser gemeinschaftlichen Projektarbeit.

Mein besonderer Dank gilt Herrn Dr. Norbert Völker für seine aktive und uneingeschränkte Unterstützung und Begleitung des Projekts sowie der stetigen Sensibilisierung, nicht zuletzt meiner Person, für die schwierige Thematik von Veränderungsprojekten

Des Weiteren möchte ich Herrn Dr. Torsten Troßmann danken, der nicht nur mit seinem Kompetenzbereich die Vorreiterrolle übernommen hat, sondern insbesondere durch seine offene und zugängliche Art viele arbeitsspezifische Vorgänge unterstützt und erleichtert hat.

Zudem möchte ich allen Mitarbeitern des Kompetenzbereichs Oberflächentechnik danken, ohne deren aktive Mitarbeit das Projekt zum Scheitern verurteilt gewesen wäre.

Abschließend möchte ich noch meiner Familie danken, die mir in dieser Zeit viel Rücksicht und Unterstützung entgegengebracht hat.

Inhaltsverzeichnis

Abbildungsverzeichnis

Tabellenverzeichnis

Abkürzungsverzeichnis

BMBF	Bundesministerium für Bildung und Forschung
DFG	Deutsche Forschungsgemeinschaft
DIN	Deutsches Institut für Normung
GPM	Deutsche Gesellschaft für Projektmanagement e.V.
HOAI	Honorarordnung für Architekten und Ingenieure
KB	Kompetenzbereich
KBL	Kompetenzbereichsleiter
KBO	Kompetenzbereich Oberflächentechnik
KF	Kompetenzfeld
KFV	Kompetenzfeldverantwortlicher
KMU	Kleine und mittelständige Unternehmen
MA	Mitarbeiter
MPA/IfW	Zentrum für Konstruktionswerkstoffe Staatliche Materialprüfungsanstalt Darmstadt Fachgebiet und Institut für Werkstoffkunde
MPM	Multi-Projektmanagement
PM	Projektmanagement
PMBOK	Project Management Body of Knowledge
PMI	Project Management Institute
PMS	Projektmanagement-Software
PSP	Projektstrukturplanung
QM	Qualitätsmanagement

1 Einleitung

Die Einführung von Projektmanagement-Standards in eine bereits existierende Organisation kann als *virtuelle Organisationsform* verstanden werden, die parallel zu bestehenden Linienorganisationsformen aufgesetzt wird. Die Basis bilden Vereinbarungen, Kommunikation und Methoden unabhängig von räumlichen und rechtlichen Gegebenheiten. Die sich hieraus ergebende Herausforderung besteht insbesondere in der Erstellung und Vermittlung von Spielregeln zwischen der bereits existierenden Linienorganisation und der neu einzuführenden Projektorganisation. Klare Rahmenvereinbarungen müssen geschaffen werden, um die erfolgreiche und konfliktfreie Durchführung der Arbeitspakete in Form von *internen Aufträgen* zwischen Linie und Projekt zu gewährleisten.[1]

> *„Das Durchbrechen hierarchischer Schranken ist die Voraussetzung für eine nachhaltige Projektkultur: Es müssen neue Wege der Zusammenarbeit gefunden werden, die sich an funktionalen Strukturen orientieren."*[2]

Es stellt sich zunächst die Frage unter welchen Voraussetzungen die Anwendung von Projektmanagement-Standards sinnvoll ist. In der Literatur werden verschiedene Motive für die Einführung von Projektmanagement in eine Organisation vertreten. Die Argumente für eine solche Einführung können auf dem Innovationsgrad eines Vorhabens, dem Aufgabengebiet oder aber der Organisation selbst fundiert sein. Während das Aufgabengebiet prinzipiell große Vorhaben in den Vordergrund stellt, umfasst der organisatorische Ansatz auch kleinere Vorhaben. HEINTEL/KRAINZ stellen die Organisation in den Mittelpunkt ihrer Betrachtungen, die eine Einführung von Projektmanagement verlangt, wenn sie den Anforderungen aufgrund sich verändernder Rahmenbedingungen nicht mehr Genüge leisten kann. Die Idee Projektmanagement einzuführen erfordert also zunächst eine Untersuchung der gegeben Situation und führt dadurch zu einer Selbstreflexion der Organisation. Das Offenlegen von organisatorischen und arbeitstechnischen Schwierigkeiten und Hemmnissen und deren Beurteilung hinsichtlich der Notwendigkeit einer projektorientierten Organisationsstrukturierung und der Einführung von Projektmanagement-Methoden und -Instrumenten, ist die Voraussetzung für das weitere Vorgehen.[3]

Ist die Notwendigkeit einer Einführung von Projektmanagement-Standards als neue Arbeits-, Führungs- und Organisationsform gegeben, kann im zweiten

---

[1] Hab, G./Steinhauer, F. (2000), S. 5-7.

[2] Allgeier, F. (2005), S. 58.

[3] Vgl. Heintel, P./Krainz, E. (2000), S. 34.

1

Schritt die praktische Arbeit beginnen. Aufgrund organisationsspezifischer Strukturen, gegebener Rahmenbedingungen und des vorhandenen Know-how im Projektmanagement muss ein individuell angepasstes Vorgehen für die Umsetzung der geplanten strukturellen Veränderungen und der Vermittlung der Inhalte erfolgen.[4] Hierzu ist es erforderlich, zunächst ein Grundverständnis dafür *was* Projektmanagement ist und *wie* es *gelebt*, d.h. effektiv und effizient angewendet wird, zu vermitteln. Die Erarbeitung einer einheitlichen, an die Gegebenheiten und Bedürfnisse der Organisation angepassten Wissensbasis im operativen Projektmanagement (Einzel-Projektmanagement) und ein vereinheitlichtes Vorgehen bei der Bearbeitung von Projekten innerhalb einer Organisationseinheit schafft die Grundlage für ein darauf aufbauendes Management der entstehenden Projektlandschaft (Multi-Projektmanagement).

Zudem hat sich gezeigt, dass der Begriff des Projektmanagements oft verwechselt wird mit der Verwendung eines Software-Tools für die Arbeitsorganisation. Die Zahl der am Markt angebotenen Projektmanagement-Software und hierfür ergänzende Tools nimmt stetig zu und vermittelt oft den Eindruck, die Lösung aller organisatorischen, koordinativen und informationstechnischen Probleme zu sein. Sind die grundlegenden Methoden und Instrumente des operativen Projektmanagements jedoch weder bekannt noch verstanden, kann die beste Software nicht erfolgreich eingesetzt werden. Software-Tools dienen als unterstützende Werkzeuge für fortgeschrittene Projektmanager, die ihr Handwerk bereits beherrschen und sich die Planung, Steuerung und Koordination komplexer, unübersichtlicher Projekte und Projektportfolios elektronisch visualisieren und verknüpfen. Die Anwendung eines Software-Tools birgt immer die Gefahr, Aktivitäten und Tätigkeiten im Rahmen einer Vorgehensweise zu definieren, die mit den wirklichen Prozessen, die für die Umsetzung des Projekts notwendig wären, nicht durchführbar sind.[5]

---

[4] Vgl. u.a. Heintel, P./Krainz, E. (2000), S. 24.
[5] Vgl. Balck, H. (1996), S. 6-10.

1.1 Hintergrund

Der Anstoß zu diesem gemeinschaftlichen Projekt kam durch den Wunsch der Leitung des *Zentrums für Konstruktionswerkstoffe Staatliche Materialprüfungsanstalt Darmstadt Fachgebiet und Institut für Werkstoffkunde (MPA/IfW)*, Projektmanagement einzuführen. Gemeinsam mit dem Institutssteuerungsteam (IST) und dem Kompetenzbereich Oberflächentechnik (KBO) wurde die Initiative für die Einführung von Projektmanagement-Standards ins Leben gerufen. Die Idee bestand darin, ein auf diesen Kompetenzbereich zugeschnittenes Projektmanagement zu erarbeiten und nachhaltig einzuführen. Nach erfolgreichem Abschluss dieses *Pilotprojekts* ist der *Rollout* auf die übrigen Kompetenzbereiche vorgesehen.

Hintergrund der Einführung von Projektmanagement war die stetig wachsende Auftragslage und die Vermischung von Routinetätigkeiten mit Projektarbeit. Insbesondere unklare Kapazitätsauslastungen führten zu einer dauerhaften Überlastung sowohl der Führungskräfte als auch der Mitarbeiter. Bisher managte jeder Mitarbeiter die ihm zugeteilten Aufgaben nach seiner Art, ein einheitliches Ressourcenmanagement existierte nicht. Hieraus resultierten auf allen Seiten Missverständnisse, Fehlplanungen, Unter- oder Überforderung und letztlich Stress und Unzufriedenheit. Die Einführung des Projektmanagements sollte hier die entsprechende Maßnahmen sein, diese Situation zu verbessern.

Die Leitung des Kompetenzbereichs Oberflächentechnik erhoffte sich eine klare Darstellung der Projektverläufe mit wichtigen Informationen zum Projektfortschritt bzw. eine Warnung bei Konflikten oder Projektstopps. Für den Kompetenzbereichsleiter (KBL) war es in diesem Zusammenhang wichtig, dass nur die für sie relevanten Informationen und Projektstadien an sie weitergeleitet würden. Den zukünftigen Projektleitern sollte mehr Eigenverantwortung zukommen und Handlungsfreiräume geschaffen werden. Die Abflachung der Hierarchie hin zu mehr Handlungsmöglichkeit für Projektleiter neben den Routinetätigkeiten der Linien und eine effizientere Ressourcenplanung zur Vermeidung von Überbuchungen waren die Hauptziele. Zusätzlich zu der organisatorischen und arbeitstechnischen Umstellung bestand der Wunsch einer einheitlichen Darstellung der Prozesse und Ressourcenverteilung.

Die Hoffnung bestand darin, dass durch die Anwendung von Projektmanagement-Standards aktuelle und zukünftige Arbeiten zunächst in Projekte und Routinetätigkeiten differenziert würden und so die laufenden Aufgaben übersichtlicher gestaltet, koordiniert und gesteuert werden könnten. Die mangelnde Übersicht in Bezug auf Aufgabenzuteilung und Kapazitätsauslastung sollte mit Hilfe von Projektmanagement-Methoden und -Instrumenten beseitigt werden, so dass eine auf mittlere Sicht gesicherte Kapazitätsauslastung aller Ressourcen und insbesondere eine mitarbeiterfreundliche und sinnvolle Verteilung der verschiedenen Aufgaben gewährleistet wäre. Zudem bestand die Hoffnung darin, dass eine verbesserte Delegation der Aufgaben und die eigenverantwortliche und selbstständige Bearbeitung durch entsprechende Mitarbeiter, die verloren gegangene Konzentration der Führungskräfte auf ihre Kernaufgaben wieder ermöglichen würde.

1.2 Zielsetzung und Aufbau

Ziel des vorliegenden Buches ist die Darstellung eines strukturierten Vorgehens zur mitarbeiterfreundlichen und nachhaltigen Einführung von Projektmanagement in eine Organisationseinheit im Maschinenbau. Gemeinsam mit dem Kompetenzbereich Oberflächentechnik des *Zentrums für Konstruktionswerkstoffe Staatliche Materialprüfungsanstalt Darmstadt Fachgebiet und Institut für Werkstoffkunde (MPA/IfW)* wurde ein Pilotprojekt ins Leben gerufen, nach dessen erfolgreichen Abschluss das Ergebnis auf die übrigen Kompetenzbereiche der MPA/IfW übertragen werden soll. Die Aufgabenstellung selbst ist als mittelfristiges Projekt anzusehen, so dass gängige Projektmanagement-Methoden bei der Planung, Durchführung und Steuerung zum Einsatz kommen.

Im Rahmen dieses Buches werden die Themenbereiche des Projektmanagements im Allgemeinen, Einzel- Projektmanagement und Multi-Projektmanagement behandelt. Bei der praktischen Einführung von Projektmanagement-Standards in eine gewachsene Organisation mit ausgeprägten hierarchischen Strukturen spielen zudem die Themengebiete des Change Managements und Konfliktmanagements eine wichtige Rolle.

In Kapitel 2.1 wird zunächst auf die Grundlagen des Projektmanagements hinsichtlich Begriffsdefinitionen (Kapitel 2.1.1) und organisatorischen Voraussetzungen (Kapitel 2.1.2) eingegangen. Kapitel 2.1.3 stellt die am Projekt beteiligten Personen vor und beschreibt deren Rollen und Zuständigkeiten. Der Grundlagenteil definiert und beschreibt zudem das Multiprojektmanagement (2.2). Hierdurch findet eine Abgrenzung zur operativen Ebene des Projektmanagements statt und es wird die Notwendigkeit eines vollständigen Projektmanagements auf allen Ebenen der Organisation betont. Abschließend wird die Theorie des Change- und Konfliktmanagements in Kapitel 2.3 thematisiert. Die für die Analysephase relevanten Methoden der Situationsanalyse und Analyse des Projektmanagement-Status werden in Kapitel 2.3.2 dargestellt. In Kapitel 2.3.3 wird das Thema Widerstände, mit speziellem Bezug auf Veränderungsprojekte (Kapitel 2.3.3.1) sowie das Thema Konfliktmanagement (Kapitel 2.3.3.2) gesondert aufgegriffen.

Der Hauptteil des Buches befasst sich mit den Methoden des operativen Projektmanagements (Kapitel 3). In Kapitel 3.1 erfolgt zunächst die allgemeine Einführung in das operative Projektmanagement. Kapitel 3.2 stellt die Methoden des operativen Projektmanagements unterteilt in die einzelnen Phasen des Projektlebenszyklus vor. Im Anschluss daran werden in Kapitel 3.3 die verschiedenen Prozesse des Projektmanagements, die über den Projektverlauf hinweg dynamisch Anwendung finden, aufgegriffen und vertieft. Die in Kapitel 3.2 und 3.3 vorgestellten Methoden und Instrumente des Einzel-Projektmanagements dienten als Vorlagen für die Erstellung der Schulungs-unterlagen und Basisdokumente, die im Zuge der Umsetzung von Projekt-management im Kompetenzbereich Oberflächentechnik zum Einsatz kamen.

Der Praxisteil des Buches (Kapitel 4) beischreibt sowohl die Analysephase als auch die Umsetzungsphasen, die im Zuge einer praktischen Einführung von Projektmanagement durchlaufen werden müssen, sowie die jeweiligen Phasenabschlüsse. In Kapitel 4.1 wird zunächst das allgemeine Vorgehen vorgestellt, sowie die Aufgliederung und Beschreibung der Projektphasen *Analyse* (Kapitel 4.2) und *Umsetzung PM* (Kapitel 4.3). Für jede Phase, werden die gewonnen Erkenntnisse und Ergebnisse in einem abschließenden Kapitel (Kapitel 4.2.4, 4.3.3) zusammengefasst und so in die nächste Phase übergeleitet. Die durchgeführte Situationsanalyse umfasst eine aufbau- und ablauforientierte Analyse, sowie eine Analyse der derzeitigen umgesetzten Projektmanagement-Standards. Ein wesentlicher Teil der Umsetzungsphase war die Durchführung einer Schulung im operativen Projektmanagement, sowie die Erarbeitung eines Beispiel-Projekts. Mit Kapitel 4.4 wird das Thema Change Management aufgegriffen und die gemachten Erfahrungen anhand eines *Lessons Learned* für zukünftige Veränderungsprojekte und insbesondere im Hinblick auf den geplanten *Rollout* festgehalten.

Den Abschluss dieses Buches bildet Kapitel 5. Hier werden die wichtigsten Erkenntnisse für das Vorgehen bei der Einführung von Projektmanagement-Standards in eine Organisationseinheit im Maschinenbau nochmals zusammengefasst. Zudem wird das weitere Vorgehen im Hinblick auf die Nachhaltigkeit des durchgeführten Veränderungsprojekts und den *Rollout* auf die übrigen Kompetenzbereiche der MPA/IfW vorgestellt.

2 Grundlagen

2.1 Projektmanagement

Die derzeitige Literatur des Projektmanagements ist vielfältig und dennoch existiert nach wie vor kein Konsens der Theoretiker und Praktiker über eine eindeutige Begriffsdefinition. Ebenso existiert bislang in der gängigen Literatur keine eindeutige *Allgemeine Lehre* des Projektmanagements. Die Lehrbücher über Projektmanagement sind in der Mehrheit eine Mischung aus allgemeiner und spezieller wirtschaftszweigorientierter Projektmanagementlehre.[6] Die Autoren, die häufig aus der Praxis kommen,[7] sind in ihren Erfahrungen durch ihr Tätigkeits- und Arbeitsumfeld geprägt. Die praxisorientierten Einflüsse sind in der Literatur deutlich zu spüren und führen dazu, dass der Leser genötigt ist eine allgemeingültige Interpretation auf Basis der speziellen Kontexte vorzunehmen.

Die Schwierigkeit eine allgemeingültige Lehre des Projektmanagements zu formulieren liegt nicht zuletzt an der Tatsache, dass das Erkenntnisobjekt einer allgemeinen Projektmanagementlehre nicht ein spezieller Betriebstyp z.B. der Industriebetrieb ist, sondern eine spezielle Art der Leistungserstellung. Sie kann grundsätzlich in allen Wirtschaftszweigen auftreten. In speziellen Wirtschaftszweigen der Industrie wie auch des Dienstleistungsbereichs (Bauwirtschaft, Softwareentwicklung) ist diese Form der Leistungserstellung dominierend. Folglich ist die Leistungserstellung mit Projektorientierung in manchen Unternehmen die Regel, während sie in anderen eher eine Ausnahme darstellt. Zudem kann die Leistungserstellung mit Projektcharakter auf einen betrieblichen Funktionsbereich, wie z.B. die Forschung und Entwicklungsabteilung, beschränkt sein.[8]

Das Erkenntnisobjekt einer allgemeinen Projektmanagementlehre lässt sich weder durch Institutionen noch durch Funktionsbereiche abgrenzen, sondern allein durch die Art und Weise der Leistungserstellung. Eine allgemeine Projektmanagementlehre erfordert Erkenntnisse, die für Projekte jeder Art weitgehend gültig sind. Die Definition des Projektbegriffs selbst besitzt folglich

---

[6] Vgl. u.a. Madauss, B.J. (2000). Im Folgenden sind Buchseiten konkret angegeben, wenn nur dieser Inhalt relevant ist. Mit f. oder ff. sind Seiten gekennzeichnet, die indirekt Bezug auf die Textstelle nehmen. Sind keine Seitenzahlen angegeben wird auf die Literatur im Allgemeinen verwiesen.

[7] Vgl. u.a. Grasl, O./Rohr, J./Grasl, T. (2004); Hab, G./Wagner, R. (2006); Möhrle, M.G. (Hrsg.) (1999).

[8] Vgl. u.a. Möhrle, M.G. (Hrsg.) (1999); Müller, Ch. (2003).

eine zentrale Bedeutung für die Erarbeitung einer allgemeinen Lehre der Leistungserstellung mit Projektorientierung.[9]

Der Versuch eine gemeinsame Basis für die Projektmanagementlehre zu schaffen ist unter anderem im *A Guide to the Project Management Body of Knowledge* (PMBOK) des PMI Standards Committee zu finden.[10] Das PMBOK wurde erstmals 1987 veröffentlicht und liegt mittlerweile in der vierten Auflage von 2008 vor. Es stellt eine Zusammenfassung des Wissens der Fachrichtung Projektmanagement dar. Es beinhaltet Vorgehensweisen, die weithin als bewährte Praxis (PMBOK: „good practice") anerkannt werden. Die beschriebenen Methoden sind auf Projekte aus verschiedenen Anwendungsbereichen anwendbar. Dazu gehören unter anderem das Bauwesen, die Software-Entwicklung, der Maschinenbau und die Automobilindustrie.

Das PMBOK ist prozessorientiert ausgerichtet und verwendet folglich ein Modell, nach dem Arbeit durch Prozesse erledigt wird. Ein Projekt wird durch das Zusammenspiel vieler Prozesse durchgeführt. Anhand der Prozesse strukturiert das PMBOK das gesammelte Methodenwissen. Für jeden Prozess werden Input, Output sowie Werkzeuge und Verfahren beschrieben. Das PMBOK gliedert sich in die folgenden Abschnitte:

- PM-Rahmen, mit einer allgemeinen Einführung in Struktur des Buches und in Projektorganisation und -Lebenszyklus.

- PM-Prozessgruppen.

- PM-Wissensgebiete, mit einer detaillierten Liste von Prozessen und Ergebnistypen im Projektmanagement.

Darüber hinaus enthält das PMBOK Anhänge mit Informationen zu PMI, Literaturliste und Änderungshistorie und ein Glossar zur Vereinheitlichung der Projektmanagementsprache.[11]

---

[9] Vgl. Schelle, H. (1989), S. 12-16.

[10] Vgl. Majetschak, B. (Übers.) (2003), S. 29. Weitere Literatur, die auf eine allgemeine Darstellung des PM abzielt ist u.a. Winkelhofer, G.A. (1997); Pfetzing, K./Rohde, A. (2006).

[11] PMI Standards Committee, Duncan, W.R. (1996). An dieser Stelle wird auf die entsprechende Literatur verwiesen, um sich ein umfassendes Wissen über den aktuellen Forschungsstand des Projektmanagements anzueignen, dessen nähere Ausführung den Rahmen der vorliegenden Arbeit sprengen würde.

2.1.1 Begriffsdefinitionen

Definition Projekt

In DIN 69 901 wird das Projekt definiert als *„[...] ein Vorhaben, das im Wesentlichen durch die Einmaligkeit der Bedingungen in ihrer Gesamtheit gekennzeichnet ist, z.B.*

- *Zielvorgabe*

- *zeitliche, finanzielle, personelle und andere Begrenzungen*

- *Abgrenzung gegenüber anderen Vorhaben*

- *projektspezifische Organisation.“*[12]

Neben der DIN Definition sind in der gängigen Literatur eine Vielzahl ähnlicher aber auch unterschiedlicher Begriffsdefinition und Abgrenzungsmerkmale zu finden.[13]

In der gängigen Literatur werden für die Abgrenzung eines Projekts von Routineprozessen die Kriterien *Einmaligkeit, Definierter Anfang und Abschluss, zeitliche Befristung, Neuartigkeit, Komplexität* sowie *Ressourcenbeschränkung* wiederholt genannt. Diese treffen sicherlich auf viele Projekte und ihre Durchführungsbedingungen zu. Sie sind jedoch nicht für jeden Projekttyp vollständig anwendbar und führen häufig nicht zu einer eindeutigen Kategorisierung des Vorhabens als Projekt.

Es gibt jedoch einige projektspezifische Grundsätze, welche das Projektmanagement maßgeblich prägen. Hierzu gehört unter anderem das Projektlebenszyklus-Konzept, welches eine Einteilung des Projekts in verschiedene Phasen und Prozesse vorsieht.[14] Zudem stehen z.B. die typische Projektziele, die Erfüllung einer bestimmten Leistung bzw. Qualität, die Einhaltung der vorgegeben begrenzten Zeit und das Nichtüberschreiten gesetzter Kostenvorgaben
grundsätzlich in direkter Konkurrenz zueinander. Abb. 1 zeigt das in der Literatur wiederholt dargestellte *magische Dreieck des Projektmanagements*.[15]

---

[12] DIN 69 901 (1987).

[13] Vgl. u.a. Madauss, B.J. (2000), S. 37; Majetschak, B. (Übers.) (2003), S. 2; Meredith, J.R./Mantel, Jr.S.J. (2006), S. 8-11; Rosenau, Jr.M.D. (1998), S. 1-4; PMI Standards Committee, Duncan, W.R. (1996), S. 4-5, Pinkenburg, H.F.W. (1980), S. 101.

[14] Vgl. hierzu Kapitel 3.

[15] Vgl. u.a. Burghardt, M. (2006), S. 37; Pfetzing, K./Rohde, A. (2009), S. 205.

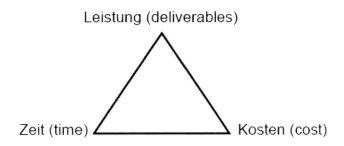

Abb. 1: Konkurrierende Zielsetzung bei Projekten - Magisches Dreieck des
Projektmanagements (Quelle: Pfnür, A. (2006), Folie 23).

Typisch für Projekte sind zudem der im Zeitverlauf zunehmende Ressourcen-
einsatz, die steigenden Kosten, das abnehmende Risiko, die zunehmende Än-
derungskosten und die abnehmende Kostenbeeinflussbarkeit des Gesamtpro-
jekts (Abb. 2).

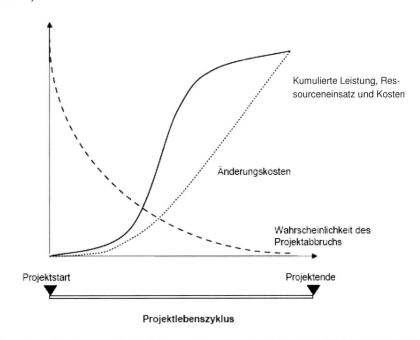

Abb. 2: Gemeinsamkeiten von Projektlebenszyklen (Quelle: Kolisch, R./Pfnür, A. (2003), S. 8).

Definition Projektmanagement

Projektmanagement beinhaltet die Durchführung von Projektarbeit quer zur
Linie, wodurch ein flexibleres und leistungsfähigeres Handeln ermöglicht
werden soll. Voraussetzung hierfür ist eine intensive, qualifizierte Zusammenarbeit über hierarchische Schranken hinweg. Projektmanagement ist nicht
einfach nur eine neue Managementmethode, sondern verlangt die Einführung
einer neuen Organisationsform parallel zu bereits bestehenden hierarchischen
Organisationsformen. Durch die Überschneidung von Projekttätigkeiten und

Routinetätigkeiten ist eine empfindliche Konstellation für Konflikte vorhanden. Um Missverständnissen in Bezug auf Weisungs- und Entscheidungsbefugnisse sowie Verantwortlichkeiten und vorzubeugen, müssen die Rollen und Vorgehensweisen aller Projektbeteiligten im Vorfeld geklärt und bekannt sein. Im Konfliktfall kann sich dann auf eine allgemein anerkannte Verfassung berufen werden. Projektmanagement kann nur dann Erfolg haben, wenn alle Betroffenen die Besonderheiten dieser Arbeitsweise verstanden und akzeptiert haben.[16]

In Bezug auf die folgenden Ausführungen sind die genannten Merkmale für Projektmanagement:

- Quer zur Linie,

- Über hierarchische Schranken hinweg,

- Einführung einer neuen Organisationsform und

- Rollen und Vorgehensweisen der Projektbeteiligten

von besonderer Bedeutung. Aus diesem Grund bezieht sich die weitere Ausarbeitung auf die folgende Definition von Projektmanagement:

„Projektmanagement bedeutet Rollenbewusstsein entwickeln[17] [...] und [...] ist eine besondere Arbeits-, Organisations- und Führungsform"[18].

2.1.2 Projektorganisation

Gemäß KIESER/KUBICEK werden Organisationen definiert als

„[...] soziale Gebilde, die dauerhaft ein Ziel verfolgt und eine formale Struktur aufweisen, mit deren Hilfe die Aktivitäten der Mitglieder auf das verfolgte Ziel ausgerichtet werden sollen".[19]

Es lassen sich die drei Typen der funktional, instrumental und institutionell ausgerichteten Organisation unterscheiden.[20] Im Allgemeinen prägt die Organisationsform maßgeblich die Art und Weise der Aufgabenbewältigung. Die Projektorganisation im Speziellen ermöglicht eine parallele Aufgabenbewältigung von Projektarbeit und Routinetätigkeiten.[21] Sie führt zu einer Dynamisierung der Organisationsstrukturen mittels Projekten und stellt eine innovative und flexible Realisierungsmöglichkeit dar.[22] Die Organisation von Projektarbeit

---

[16] Vgl. Hansel, J./Lomnitz, G. (2003), S. 11-12.

[17] Hansel, J./Lomnitz, G. (2003), S. 38.

[18] Hansel, J./Lomnitz, G. (2003), S. 13.

[19] Kieser, A./Kubicek, H. (1983), S. 1.

[20] Vgl. Bergmann, R./Garrecht, M. (2008), S. 2-3.

[21] Vgl. Mayerhofer, H./Meyer, M. (2007), S. 401.

[22] Vgl. Mayerhofer, H./Meyer, M. (2007), S. 402.

im Unternehmen kann in verschiedene Organisationstypen unterschieden werden. Im Folgenden werden die *Reine Projektorganisation*, die *Projekt-Matrix-Organisation*, die *Stab-Projekt-Organisation* sowie die *Projekt-Koordination* kurz beschrieben.

<u>Reine Projektorganisation</u>

Bei der reinen Projektorganisation werden Fachkräfte von den Stabsstellen abgezogen und dem Projektleiter direkt unterstellt. Die Mitarbeiter sind Vollzeit in das Projekt integriert und alle benötigten Ressourcen werden direkt dem Projekt zugeordnet. Der Projektleiter ist mit vollkommener Entscheidungs- und Weisungsbefugnis ausgestattet.

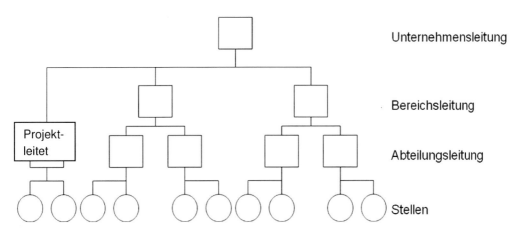

Abb. 3: Reine Projektorganisation (Quelle: Eigene Darstellung in Anlehnung an PMI Standards Committee, Duncan, W.R. (1996), S. 19).

Die Vorteile einer reinen Projektorganisation bestehen darin, dass

- die Projektziele unabhängig von der Routinearbeit/ Kerngeschäft durch-geführt werden können,

- ein einfacheres Schnittstellenmanagement möglich ist und geringeres Konfliktpotenzial besteht,

- der Projektleiter die absolute Weisungs- und Entscheidungsbefugnis be-sitzt,

- starke Kommunikationskanäle und kurze Reaktionszeiten aufgrund eines einfachen Informationsflusses gegeben sind,

- eine Identifikation mit dem Projekt aufgrund eindeutiger Zuordnung des Personals stattfindet, und

- eine Entlastung der höheren Hierarchieebenen gewährleistet ist.

Die Nachteile einer solchen Projektorganisation sind

- die Unsicherheit der Mitarbeiter über zukünftige Beschäftigung nach Projektende,

- die Gefahr der Duplizierung von Ressourcen bei mehreren Projekten,

- eine häufig geringe Auslastung der Ressourcen durch Vorhalten von Risikoreserven,

- das Problem der nachträglichen Bereitstellung von Ressourcen,

- die Konkurrenz der Projekte um Ressourcen,

- geringe Konzentrations- und Synergieeffekte in den technischen Fachabteilungen sowie

- die Vernachlässigung interner Kommunikationskanäle und ein langsamer Informationsfluss.[23]

<u>Projekt-Matrix-Organisation</u>

Die Projekt-Matrix-Organisation ist eine Hybridform, bei der versucht wird die Vorteile der funktionalen und der reinen Projektorganisation zu vereinigen. Das Ziel ist es sowohl auf das gebündelte Know-how von technischen Fachabteilungen zurückgreifen zu können, als auch eine Fokussierung auf die Projektziele und klare Befugnisse des Projektleiters zu erlangen.

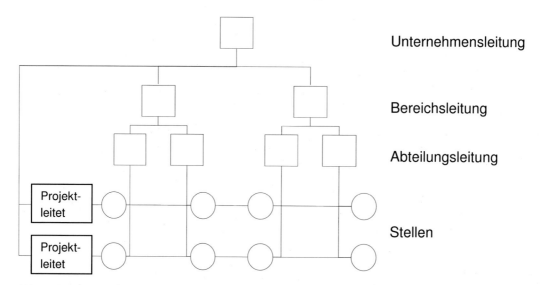

Abb. 4: Projekt-Matrix-Organisation (Quelle: Eigene Darstellung in Anlehnung an PMI Standards Committee, Duncan, W.R. (1996), S. 21-22).

---

[23] Vgl. Rosenau, M.D.Jr. (1998), S. 169-170; Kerzner, H. (1998), S. 108-110.

Die Vorteile einer Matrix-Organisation sind

- die Projektübergreifende Akquirierung von technologischem Fachwissen,

- die volle Entscheidungs- und Weisungsbefugnis des Projektleiters,

- eine bessere Ressourcenauslastung,

- die Nutzung von Synergieeffekten,

- gesicherte Stellen und Weiterentwicklungsmöglichkeiten des Personals sowie

- ein schnelles Reaktionsvermögen auf Veränderungen und Bedürfnisse durch gute Kommunikationskanäle und Informationsflüsse.

Die Nachteile einer solchen Organisationsform sind

- die Konfliktgefahr aufgrund des Mehrliniensystem,

- die Veränderung der Unternehmensstruktur, die häufig zu kostspielig für KMUs ist,

- ein erschwertes Monitoring und Controlling sowie

- die Gefahr von unklaren Weisungs- und Entscheidungsbefugnissen zwischen Linien- und Projektleiter.[24]

Eine Matrix-Organisation lässt sich je nach dem Grad der funktionalen oder im Projekt organisierten Charakteristika unterschieden. Tab. 1 verschafft einen Überblick über die Projekteigenschaften der verschiedenen Organisationstypen. In den meisten modernen Unternehmen existieren verschiedene Organisationstypen parallel.[25]

Organisations-typ / Projekt-eigenschaften	Funktional	Matrix			Projekt
		schwach	Aus-geglichen	stark	
Autorität des Projektmana-gers	wenig/ keine	beschränkt	gering/ an-gemessen	angemes-sen/ hoch	hoch/ abso-lut
Rolle des Pro-jektmanagers	Koordinator Teilzeit	Koordinator Teilzeit	Manager Vollzeit	Manager Vollzeit	Manager Vollzeit

---

[24] Vgl. Kerzner, H. (1998), S. 115-116; Ahuja, H./Dozzi, S./Abourizk, S. (1994), S. 33.

[25] Vgl. PMI Standards Committee, Duncan, W.R. (1996), S. 20.

Personal voll-zeitbeschäftigt mit Projektar-beit	Keines	0-25%	15-60%	50-95%	85-100%
Funktion des Projekt-managers	Koordinator/ Projekt-führung	Koordinator/ Projekt-führung	Manager/ Hand-lungsbevoll-mächtigter	Manager/ Programm Manager	Manager/ Programm Manager

Tab. 1: Einfluss der Organisationsstruktur auf die Rolle des Projektmanagers (Quelle: Übersetzt aus PMI Standards Committee, Duncan, W.R. (1996), S. 18).

Stab-Projekt-Organisation (funktionale Organisation)

In funktional ausgerichteten Stab-Linien-Organisationen sind die Mitarbeiter der durch Routineaufgaben geprägten Stellen in funktionellen Gruppierungen angesiedelt. Die Stab-Projektorganisation behält diese Grundstruktur bei. Der Projektleiter ist einer funktionalen Instanz unterstellt und wird einer Stabstelle zugewiesen.

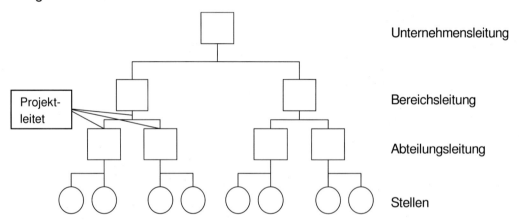

Abb. 5: Stab-Projektorganisation (Quelle: Eigene Darstellung in Anlehnung an PMI Standards Committee, Duncan, W.R. (1996), S. 19).

Die Vorteile einer solchen Eingliederung der Projektarbeit sind

- die Notwendigkeit nur geringer organisatorischer Umstellungen,

- ein hohes technisches Know-how innerhalb einer Abteilung,

- ein aktiver Wissens- und Erfahrungsaustausch innerhalb einer Fachkompetenz sowie

- die Zugriffsmöglichkeit auf spezialisierte Fachabteilungen.

Die Nachteile einer solchen Projektorganisation sind

- ein erschwerter Ressourcenzugriff aufgrund fehlender Weisungs- und Entscheidungsbefugnisse,

14

- die Existenz horizontaler Informationsbarrieren,

- das Routineaufgaben und Kerngeschäft vorrangig behandelt werden und so das Einhalten von Zeitzielen im Projekt erschweren,

- die Belastung der höheren Hierarchieebenen mit Entscheidungsfragen und

- die Isolation der Spezialisten innerhalb ihrer Abteilungen, die zu mangelnder interfunktionaler Kommunikation führt und so den Projekterfolg hemmt.[26]

Projekt-Koordination (Einfluss-Projektmanagement)

Bei der Projekt-Koordination kann der Projektleiter lediglich Einfluss ausüben, d.h. er übernimmt eine koordinierende Funktion ohne Weisungsrechte. Die benötigten Fachkräfte sowie der Projektleiter selbst verbleiben in ihrer Linie und die Verantwortung sowie die Weisungsbefugnisse verbleiben beim Linienvorgesetzten.

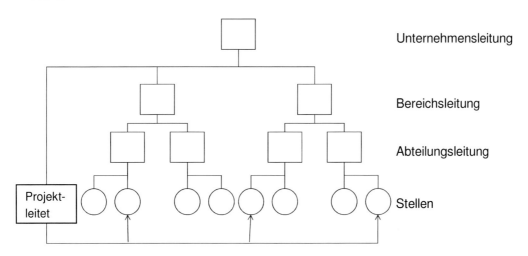

Abb. 6: Projekt-Koordination (Einfluss-Projektmanagement) (Quelle: Eigene Darstellung in Anlehnung an Meier, R. (2006), S. 14).

Die Vorteile einer solchen Organisationsform sind

- die gute Integration der Linie in das Projekt und

- eine hohe Akzeptanz der betroffenen Linienbereiche.

Die Nachteile dieses rein koordinativen Einflusses des Projektleiters sind

- mangelnde Entscheidungs- und Weisungsbefugnisse des Projektleiters sowie

---

[26] Vgl. Rosenau, M.D.Jr. (1998), S. 168-169; Kerzner, H. (1998), S. 106-108.

- hinter dem Alltagsgeschäft zurückstehende Projektinteressen.[27]

Fazit Projektorganisation

Die *Kompetenz des Projektleiters* und die *Akzeptanz des Projekts* innerhalb einer Organisation sind für die verschiedenen Organisationstypen gegenläufige Faktoren. Ist der Projektleiter aufgrund der Organisationsstruktur mit mehr Kompetenz ausgestattet, ist der Stellenwert des Projekts für andere Bereiche innerhalb der Organisation meist gering und die Akzeptanz entsprechend niedrig. Gleiches gilt für den umgekehrten Fall (Abb. 7).

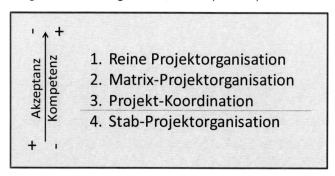

Abb. 7: Einfluss des Organisationstyps auf die Faktoren Kompetenz und Akzeptanz (Quelle: Eigene Darstellung).

In kleinen und mittelständigen Betrieben wird dem Projektleiter zudem oft kein eigenes Team zur Verfügung gestellt. Der Hintergrund ist meistens ein Mangel an Personal, das ausschließlich für das Projekt abgestellt werden kann. Der Projektleiter greift stattdessen zur gegebenen Zeit auf die Mitarbeiter der Fachabteilungen zu und muss sich entsprechend mit den Leitern der Fachabteilungen absprechen. Hierdurch ergibt sich die im Mittelstand weit verbreitete Matrixorganisation. Der Projektleiter fordert quer durch die Organisation Fachkräfte an, die in diesem Rahmen neben ihren alltäglichen Aufgaben die gewünschten Teilleistungen für das Projekt bearbeiten.[28]

2.1.3 Projektbeteiligte

Projektauftraggeber bzw. Projektsteuerungs-Ausschuss

Der Aufgabenbereich des Projektauftraggebers umfasst die offizielle Auftragsvergabe sowie die Ergebnisabnahme. Er unterzeichnet und haftet somit für die Erfüllung des Projektziels, übernimmt jedoch keine operativen Aufgaben und leitet diese auch nicht.[29]

---

[27] Vgl. Meier, R. (2006), S. 14-15.

[28] Vgl. Braehmer, U. (2005), S. 59-60.

[29] Hansel, J./Lomnitz, G. (2003), S. 38.

„Die Aufgabe des Projektauftraggebers ist es, das Projekt nach oben und außen zu vertreten und sich hin und wieder über den Stand der Planung oder Umsetzung zu informieren".[30]

In bestimmten Fällen bietet sich die Bildung eines Gremiums an. Die Hauptaufgabe der Projektgremien liegt in der Sicherstellung eines umfassenden Informationsflusses und einer vollständigen Kommunikation. Sie koordinieren die Abstimmung der Projekte mit höheren Hierarchieebenen sowie mit externen Interessengruppen. Je nach Aufgabenstellung lassen sich verschiedene Gremien unterscheiden (Beratungsgremium, Kommunikationsgremium, Entscheidungsgremium, Steuerungsgremium und Planungsgremium), die je nach Gegebenheiten und Anforderungen eingerichtet werden.[31]

Lenkungsausschüsse werden als Entscheidungsgremium ab einer bestimmten Projektgröße eingerichtet. Da es sich bei großen Projekten häufig um strategisch wichtige Projekte handelt, wird dieses Gremium meist mit Mitgliedern der höheren Führungsebenen besetzt. Die personelle Besetzung kann für mehrere Projekte identisch sein, wodurch bei unterschiedlichen Endterminen und Generierung neuer Projekte ein dauerhaftes Gremium entsteht. Die wesentlichen Aufgaben des Lenkungsausschuss bestehen in der Organisation des Projekts, der Bereitstellung der personellen Ressourcen, dem Treffen von Entscheidungen über das Erreichen von Zwischenergebnissen und Meilensteinen, das Festlegen des weiteren Vorgehens und der Genehmigung von Planabweichungen. Seine Kompetenzen liegen in der Benennung von Projektleitern, Bereitstellung finanzieller Mittel, Projektbeendigung und Entscheidung über Lösungswege und Setzen von Prioritäten.[32]

Projektleiter

Der Projektleiter trägt die operative Verantwortung für das Projekt. In kleineren Projekten können die Aufgabenbereiche des Projektauftraggebers und des Projektleiters einer Person übertragen werden. Ansonsten empfiehlt sich eine klare Trennung der Funktionen.[33] Er sieht sich der Herausforderung gegenübergestellt, die sich aufgrund der Sonderstellung des Projekts zwischen den Routineprozessen und der Projektdurchführung ergibt. Durch die Organisationsform des Projekts im Unternehmen erhält der Projektleiter unterschiedliche Weisungs- und Entscheidungsbefugnisse. Er ist verantwortlich für die termingerechte Fertigstellung des Projektauftrags, entsprechend der geforderten

---

[30] Stöger, R. (2007), S. 70.

[31] Vgl. zur näheren Ausführung u.a. Burghardt, M. (2007), S. 61-64.

[32] Vgl. Pfetzing, K./Rohde, A. (2006), S. 53-54.

[33] Vgl. Stöger, R. (2007), S.70.

Qualität. Er übernimmt die typischen Managementaufgaben der Planung, Steuerung, Kontrolle und Mitarbeiterführung.[34]

Zu den Aufgabenbereichen eines Projektleiters gehört es, die Arbeitsanforderungen, die Arbeitsmenge und –qualität sowie die benötigten Ressourcen im Rahmen der Projektplanung zu definieren, den Projektfortschritt aufzuzeichnen, die aktuellen Ergebnisse mit den vorhergesagten Ergebnissen zu vergleichen und entsprechende Anpassungen vorzunehmen. Der Projektleiter ist verantwortlich für die Koordination und die Integration der Aktivitäten innerhalb eines Projekts über mehrere Funktionsbereiche hinweg. Er betreibt in seiner Funktion als Manager folglich ein aktives *Integrationsmanagement*[35] der verschiedenen Aktivitäten, die zur Planung, Ausführung und Änderung des Projektplans notwendig sind. Der Projektleiter muss sehr gute kommunikative und zwischenmenschliche Fähigkeiten besitzen sowie eine gute Kenntnis von innerbetrieblichen Prozessen jeder Linienorganisation und der eingesetzten Technologien.

Durch die gegebene Abhängigkeit der Projektorganisation von den existierenden Strukturen des Unternehmens wird vom Projektleiter zudem ein aktives *Schnittstellenmanagement*[36] gefordert. Er muss in der Lage sein das Beziehungsgeflecht zwischen Projektteam, Linienorganisation, Unternehmensführung und nicht zuletzt dem Kunden effektiv zu koordinieren.[37]

Prinzipiell gilt, dass der Projektleiter eher ein Generalist mit entsprechenden Führungskompetenzen sein muss, als ein Spezialist auf einem Teilgebiet, sei es technischer oder administrativer Natur.[38] Folglich muss er auf Experten für die entsprechenden Fachgebiete zurückgreifen können und für deren vorübergehende Verfügbarkeit und Integration sorgen.[39]

Generell lassen sich die Aufgaben des Projektleiters wie folgt zusammenfassen:

1. *planen*, und zwar Personal, Tätigkeiten, Ressourcen, Termine, Tests, Dokumentation, Wartung,…

2. *organisieren*, z.B. die Zuordnung von Tätigkeiten zu Personen, Berichtswege und Kontakte

---

[34] Vgl. Pfetzing, K./Rohde, A. (2006), S. 50-52.

[35] Der Begriff des Integrationsmanagement wird im Sinne des PMI Standards Committee, Duncan, W.R. (1996), S. 39 verwendet.

[36] Zum Begriff des Schnittstellenmanagements vgl. Hauschildt, J. (2004), S. 133.

[37] Vgl. Majetschak, B. (Übers.) (2003), S. 7-8.

[38] Vgl. Madauss, B.J. (1978): S. II-7.

[39] Vgl. Madauss, B.J. (1994), S. 88.

3. *schätzen*, beispielsweise Zeitdauer und Aufwand

4. *kontrollieren*, z.B. alle beteiligten Funktionen und Bereiche

5. *informieren*, und zwar nach „oben" (zum Management und zum Auftraggeber) und nach „unten" (in die Projektgruppe)

6. *motivieren*, so dass das Team sich immer wieder mit dem Projektziel identifiziert

d.h. der Projektleiter *managt* das Projekt.

Projektmitarbeiter

Den Projektmitarbeitern obliegt die operative Umsetzung in Form eines Projektteams. Das Projektteam ist ein interdisziplinäres Team und setzt sich entsprechend aus Fachkräften für spezielle Aufgabengebiete zusammen. Es ist über den Zeitraum des Projekts veränderlich. Die Mitglieder mit ihren Fähigkeiten sowie die Größe des Projektteams hängen nicht nur vom Umfang des Projektes generell ab, sondern sollten flexibel über den Projektlebenszyklus hinweg an die verschiedenen Aufgabenstellungen und Phasen angepasst werden.[40] Eine angemessene Größe, die eine effektive Steuerung zulässt und gleichzeitig alle benötigten Kompetenzen und Fähigkeiten abdeckt ist essentiell für den Erfolg des Projekts.[41] Handelt es sich um größere Projekte, ist die Beibehaltung eines Kernteams von drei bis vier Mitarbeitern sinnvoll.

Bei der Auswahl der Mitarbeiter sollte generell auf die geforderte Fachkompetenz, die Team- und Kooperationsfähigkeit, die Beherrschung von Gruppenarbeitstechniken, die Bereitschaft und Fähigkeit zur Konfliktlösung sowie die Solidarität und Hilfsbereitschaft geachtet werden. Die Projektmitarbeiter stehen in der Verantwortung die definierten und zugeordneten Arbeitspakete selbstständig zu erledigen, den Arbeitsaufwand zu ermitteln und zu melden, die Arbeitsergebnisse zu dokumentieren, an den regelmäßigen Statusmeetings und Workshops teilzunehmen sowie erkannte Verbesserungspotenziale zu kommunizieren und Themenvorschläge für die Teamsitzungen einzubringen, Terminverzögerungen und Probleme bei der Ausführung der Arbeitspakete zu melden, für fachlich korrekte und mit dem Fachbereich abgestimmte Arbeitsergebnisse zu sorgen, eventuelle Störungen zu melden und die Linienvorgesetzten über die Projektarbeit zu informieren.[42]

---

[40] Vgl. Madauss, B.J. (1994), S. 100.

[41] Vgl. Madauss, B.J. (1994), S. 90.

[42] Vgl. Pfetzing, K./Rohde, A. (2006), S. 52-53.

Externe Experten und Interessengruppen

Externe Experten werden häufig für komplizierte Problemstellungen hinzugezogen. Sie können rein beratende Funktionen übernehmen oder spezielles Fachwissen einbringen. Externe Interessensgruppen können Unternehmungen, Verbände, Gebietskörperschaften und Vereine sein.[43]

Projektkunde

Der Projektkunde legt seine Anforderungen und Vorstellung dar. Er beurteilt das Resultat am Ende des Projekts.

---

[43] Vgl. Stöger, R. (2007), S. 71.

2.2 Multiprojektmanagement

Die Disziplin des Multiprojektmanagements (MPM) hat sich aus der Notwendigkeit der Koordination mehrerer im Unternehmen parallel stattfindender Projekte entwickelt.[44] Herausforderung für das Projektmanagement besteht nicht allein darin, die Durchführung einzelner Projekte zu optimieren, sondern vielmehr eine Auswahl der richtigen Projekte und deren Priorisierung vorzunehmen, die Ressourcenzuteilung zu koordinieren sowie inhaltliche Koordinierung zwischen den Projekten und das Controlling der Projektlandschaft erfolgreich zu managen. Aufgrund des Vorhandenseins einer ganzen Projektlandschaft wird das Management um die Aufgabenstellung erweitert, Interdependenzen und Verflechtungen zwischen den Projekten aufzudecken und effizient zu nutzen. So können neue Potenziale und Synergieeffekte identifiziert und genutzt werden. Es besteht jedoch auch die Gefahr, dass nicht identifizierte Schnittstellen und Verbundrisiken zu einer Doppelarbeit und einer gegenseitigen negativen Beeinflussung, Hemmung des Projektfortschritts oder sogar zum Scheitern eines oder mehrerer Projekte führen. Die Problematik eines Multiprojektmanagements spiegelt sich besonders in der Koordination und Ressourcenzuteilung wieder.[45]

Insbesondere in der Forschung & Entwicklung ist die Parallelität von Projekten und somit die Notwendigkeit für ein F&E-Programm-Management bekannt.[46] Im Hinblick auf einen frühestmöglichen Markteintrittszeitpunkt[47], ergibt sich neben den gängigen Konzepten wie *Simultaneous Engineering* bzw. *Concurrent Engineering*[48], die ein Parallelisieren und Beschleunigen der einzelnen, im Projekt durchzuführenden Aktivitäten beinhalten[49], folglich ein Bedürfnis nicht nur einzelne Projekte isoliert zu beschleunigen sondern auch im Hinblick auf ihre Abfolge. Die herkömmliche Projektmanagementtheorie setzt die Prozesse innerhalb einzelner Projekte in den Vordergrund. Ein Multiprojektmanagement verlangt jedoch auch Prozesse zwischen verschiedenen Projekten näher zu analysieren und setzt wiederum den Systemgedanken und ein ganzheitliches Denken in den Fokus der Untersuchung, der Wechselwirkungen zwischen Projekt und Linie sowie Projekt und höheren Managementebenen mit einbezieht.[50]

---

[44] Vgl. Kuster, J. et al. (2008), S. 130.

[45] Vgl. Hauschildt, J. (2004), S. 86-87; Leyendecker, P. (2006), S. 79-92.

[46] Vgl. Möhrle, M.G. (1994), S. 227-249.

[47] Vgl. Perillieux, R. (1987).

[48] Vgl. u.a. Motzel, E. (2006), S. 199 bzw. 46.

[49] Vgl. Schröder, H-H. (2004), S. 289-323.

[50] Vgl. Dammer, H./Gemünden, H.G./Lettl, Ch. (2006), S. 148-155; Pfetzing, K./Rohde, A. (2006), S. 72.

2.2.1 Definition Multiprojektmanagement

Beim Studium der gängigen Literatur fällt auf, dass weder eine begriffliche noch inhaltliche Übereinkunft hinsichtlich der Definition von Multi-Projektmanagement besteht. Begriffe wie das Programm-Management oder das Portfolio-Management werden teilweise als Synonyme verwendet. Eine Abgrenzung des Multiprojektmanagements ist dahingehend sinnvoll, dass sowohl das Projektprogramm-Management als auch das Projektportfolio-Management organisatorische bzw. prozessorientierte Methoden sind, die eine die Projektintegration bzw. ein projektübergreifendes Management unterstützen und so unter bestimmten Voraussetzungen im Rahmen des Multiprojektmanagements zum Einsatz kommen.[51]

Programm-Management wird insbesondere im Bereich des Managements von Großprojekten mit seinen Subprojekten eingesetzt. Es beinhaltet die Aufgabe, die zu einem Programm gehörenden Einzelprojekte zu managen und gemäß ihrer Priorität zur Erreichung der Unternehmensziele zu steuern. Hierbei sind alle Projekte inhaltlich, hinsichtlich des Ressourceneinsatzes und der Einzelergebnisse logisch miteinander verknüpft.[52]

Ebenso ist Multiprojektmanagement mehr als nur *Projektportfolio-Management*, obwohl es durchaus als die primäre Aufgabe des MPM gesehen werden kann.[53] Projektportfolio-Management schließt das allgemeine Management von Projekten, sprich der gesamten Projektlandschaft innerhalb eines Unternehmens ein. Es erhält somit einen zeitlich unbegrenzten Charakter und muss als ein Teilaspekt des MPM verstanden werden.[54] Multiprojekt-Management ist entsprechend zu definieren als

> *„[...] der summarische Überbegriff eines ganzheitlichen Managements einer Projektelandschaft durch entsprechende Organisationsstrukturen, Methoden, Prozesse und Anreizsysteme.'*[55]

2.2.2 Strategisches Management der Projektlandschaft

Im Rahmen eines strategischen Multiprojektmanagements bietet sich eine Erweiterung der organisatorischen Elemente des Projektmanagements an. Um den Anforderungen einer erfolgreichen Planung und Koordination von mehreren Projekten gleichzeitig gerecht zu werden, ist die Bildung spezieller Gremien

---

[51] Vgl. Gemünden, H.G./Dammer, H. (2004-2006).

[52] Vgl. Grübler, G. (2005), S. 43-44; Bär, A. (2001), S. 149-154.

[53] Vgl. Lomnitz, G. (2004), S. 23, 84.

[54] Vgl. Grübler, G. (2005), S. 45-46.

[55] Dammer, H./Gemünden, H.G./Lettl, Ch.(2006), S. 149.

zielführend.[56] Die eingesetzten Gremien übernehmen die strategische Gesamt-verantwortung und somit die projektübergreifenden Steuerungs- und Führungs-funktionen. Dem Projektportfolio-Führungskreis[57] als verantwortliches Organ für ein erfolgreiches Multiprojekt-Koordinationsmanagement obliegen die folgenden Aufgaben:

1. Entwicklung und Verbesserung von Instrumentarien zur

   • Identifikation strategischer Projekte,

   • Kategorisierung, Bewertung, und Priorisierung von Projekten und deren Abhängigkeiten,

   • Einheitliche Berichtserstattung über den Status, die Potenziale und Kennzahlen der verschiedenen Projekte,

   • Krisenbewältigung,

   • Organisation der Nutzung von Synergien,

   • Durchführung regelmäßiger Reviews und Projektabschlüsse.

2. Methodische Unterstützung bei der Anwendung der Instrumentarien

   • für den Projektleiter,

   • für den Projektlenkungsausschuss.

3. Vorbereitung der Gremiensitzungen

   • Tagesordnung,

   • Ansprechpartner für Projektleiter.[58]

DAMMER/GEMÜNDEN/LETTL haben im Rahmen der Erarbeitung eines Qualitätskonzepts für das Multiprojektmanagement ein generisches Prozess-modell entwickelt. Es verbindet die drei verschiedenen Zuständigkeitsebenen - Topmanagement, Koordinator bzw. Leiter des Projektausschusses und Linienmanager - mit den drei definierten Phasen - Fokussierung, Auswahl und Realisierung - des Multiprojektmanagements (Abb. 8).

---

[56] Vgl. u.a. Patzak, G./Rattay, G. (1996), S. 424ff.; Patzak, G./Rattay, G. (2004), S. 407ff.

[57] Auch *„Bewilligungsgremium"* Pfetzing, K./Rohde, A. (2006), S. 55.

[58] Vgl. u.a. Winkelhofer, G.A. (1997), S. 182-186; Patzak, G./Rattay, G. (2004), S. 408-409; Lomnitz, G. (2004), S. 97.

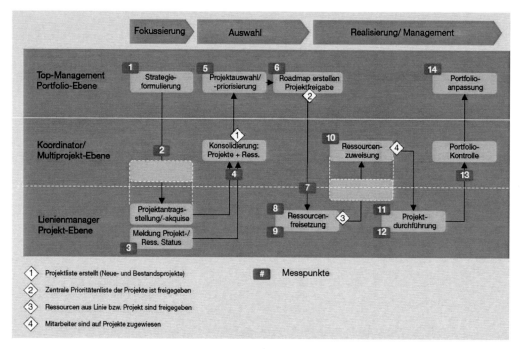

Abb. 8: MPM-Prozess (Quelle: Dammer H./Gemünden H.G./Lettl Ch.(2006), S. 150).

Wie auch bei WINKELHOFER dargestellt, wird der Koordinator bzw. Projektausschuss organisatorisch zwischen dem höheren Management und der operativen Projektebene eingeordnet.[59] Die Koordinierung und Ressourcenzuteilung für die verschiedenen Projekte wird insbesondere dadurch erschwert, dass sich die Projekte in verschiedenen Entwicklungsphasen befinden, teilweise inhaltlich voneinander abhängen und auf die gleichen Fachkräfte und Sachmittel zurückgreifen müssen. Typische Problemquellen bei mehreren parallel laufenden Projekten sind die Verfolgung identische Ziele, die Gefahr, dass Projekte sinnlos werden und die Zuteilung von Ressourcen laufender Projekte zu neuen Projekten. Hierdurch kann der erfolgreiche Abschluss gefährdet oder verzögert werden sowie eine Arbeitsüberlastung im Allgemeinen stattfinden.

Ein erfolgreiches Multiprojektmanagement erweitert folglich die allgemeinen Anforderungen an das Projektmanagement und verlangt den Einsatz zusätzlicher Methoden, Instrumente und Techniken. Abb. 9 veranschaulicht die sich nach KUNZ ergebenden Problemfelder des Multiprojektmanagements, für die entsprechende Abhilfemaßnahmen ergriffen werden müssen.

---

[59] Vgl. Winkelhofer, G.A. (1997), S. 182.

24

Problemfelder	Aufgabenfelder	
Machtpolitische Friktionen innerhalb der Projektauswahl	**Nutzung einheitlicher sowie objektiv gestalteter Bewertungs- und Entscheidungsprozesse**	
Überschreitung von strategischen Budgets	**Abstimmung von Projekt-vorhaben und strategischen Budgets auf Unternehmensebene**	Multiprojekt-Konfiguration
Unzweckmäßige Ressourcen-zuteilung zu Projekten	**Engpassorientierte Zuteilung von Ressourcen zu strategischen Projekten**	
Auswahl nicht wertschöpfender Projekte	**Sicherstellung einer adäquaten Nutzung von Bewertungsinstrumenten**	
Fehlende Strategieorientierung der Projekte	**Ausrichtung der Projekt-priorisierung auf strategische Erfordernisse**	Multiprojekt-Priorisierung
Nichtberücksichtigung von Wechselwirkungen zwischen Projekten	**Bewertung und Visualisierung aller Projekt-Interdependenzen**	
Verlust der Kontrolle über die Projektgesamtheit	**Einrichtung einheitlicher und methodengestützter Monitoring- und Reviewprozesse**	
Verlust von projektbezogenem Erfahrungswissen	**Etablierung eines an den Bedürfnissen orientierten Wissensmanagements**	Multiprojekt-Kontrolle
Fehlende organisatorische Regelungen	**Einrichtung einer Multiprojekt-Führungsorganisation**	
Keine zeitnahen projekt- und portfoliobezogenen Informationen	**Etablierung eines Multiprojekt-Informationssystems**	Multiprojekt-Strukturierung

Abb. 9: Problemfelder, Aufgabenfelder und Elemente der Multiprojektmanagement-Konzeption nach KUNZ (Quelle: Kunz, Ch. (2007) S. 34).

2.3 Change Management

2.3.1 Definition Change Management

Change Management befasst sich mit Veränderungen im Allgemeinen. Veränderungen beschränken sich nicht auf profitgetriebene Organisationen, auch im Verwaltungsbereich und in Vereinen und Verbänden, den sogenannten Non-Profit-Organisationen, findet ein Wandel der Strukturen und Geschäftsprozesse statt. Auslöser sind häufig Neuentwicklungen in der Informatik, Telekommunikation und Softwaretechnologie, die eine Reorganisation, eine Neumodellierung von Prozessen und geänderte Kommunikationswege innerhalb der Organisation ermöglichen bzw. erfordern.[60] Insbesondere in der Forschung und Entwicklung sind flexible und dynamische Prozessstrukturen sowie kurze Informationswege für eine erfolgreiche Aufgabenbewältigung von Relevanz.

Für das Vorgehen bei der Durchführung von Veränderungsmaßnahmen in einer bestehenden Organisation ist nicht nur ausschlaggebend, *was* geändert wird sondern auch *wer* im Unternehmen davon betroffen ist. D.h. es muss zwischen den Gründen für Veränderungen im Hinblick auf das Vorgehen differenziert werden. Veränderungsmaßnahmen, die auf akuten, existenzbedrohenden und sich ändernden (ökonomischen, politischen, etc.) Umweltfaktoren bzw. Krisen basieren, erfordern eine reaktive Umsetzung (Top-Down). Handelt es sich hingegen um Maßnahmen zur Verbesserung von Erfolgspotenzialen ganz allgemein, ist ein proaktives Vorgehen (Bottom-Up) anzustreben, dass die Betroffen aktiv an den Veränderungsprozessen beteiligt.[61]

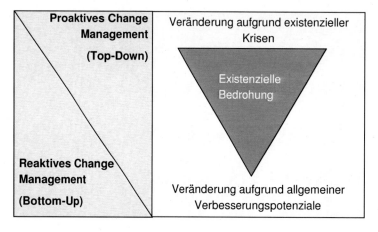

Abb. 10: Proaktives vs. reaktives Change Management (Quelle: Eigene Darstellung in Anlehnung an Sonntag, K. (2002), Folie 7).

---

[60] Vgl. Doppler, K. et al. (2002), S. 11.

[61] Vgl. Bergmann, R./Garrecht, M. (2008), S. 191.

Das Top-Down-Vorgehen ist typisch für Veränderungsprojekte im Rahmen eines *Business-Prozess-Reengineering*[62]. Hierbei werden die Geschäftsprozesse hinsichtlich der Zielgrößen Zeit, Kosten und Qualität optimiert. Diese innovative Prozessgestaltung basiert auf dem festgelegten Ziel eines Soll-Zustandes und stellt ein relativ radikales Veränderungskonzept dar. Die Bottom-Up-Methode hingegen zielt auf eine kontinuierliche Veränderung basierend auf den Ist-Zuständen in einer Unternehmung ab. Beispiele für diese Methode sind das *KAIZEN*[63] (Kai = Veränderung, Wandel; Zen = zum Besseren) und das *Lean-Management*[64]. Der institutionalisierte und kontinuierliche Veränderungsprozess wird hierbei von den Mitarbeitern getragen.[65]

Change Management bei der Einführung von Projektmanagement bedeutet eine Veränderung hin zu flacheren Hierarchien, Orientierung an Geschäftsprozessen und mehr Selbstverantwortung. Die Anforderung an ein erfolgreiches Change Management, für den vorliegenden Fall einer gewachsene, stark hierarchisierte Organisation liegen hauptsächlich in der erfolgreichen Vermittlung der Notwendigkeit für Veränderungen der Organisationsstruktur sowie der Vermittlung des grundlegenden Know-how eines neuen Management-Konzepts.[66]

Wie DOPPLER jedoch anmerkt, schaffen *„[N]eue Strukturen allein [...] noch keine neue Menschen".*[67] Die Motivation und Integration aller Betroffen zur aktiven Teilnahme am Veränderungsprozess ist für den Erfolg einer solchen Veränderung ausschlaggebend.

> *Change Management bei der Einführung von Projektmanagement-Standards in eine bestehende Organisationseinheit ist folglich zu definieren als eine proaktive Veränderungsmaßnahme, die Bottom-Up d.h. unter Einbeziehung aller betroffenen Mitarbeiter stattfindet.*

Neben dem Schaffen von Verständnis und der Integration der betroffenen Personen, sind gewisse Rahmenbedingungen und Regeln, die das Miteinander lenken, unerlässlich. Insbesondere im Hinblick auf sich ändernde Zuständigkeiten und Ressourcenverteilungen, die zu Unsicherheit in Bezug auf zukünftige Entwicklungen führen und schließlich Angst und Abwehr erzeugen, müssen klare Regelungen für Sicherheit sorgen.[68]

---

[62] Vgl. u.a. Johansson, H. J. (1994); Hammer, M./Champy, J. (1996).

[63] Vgl. u.a. Imai, M. (1994).

[64] Vgl. u.a. Eversheim, W. (1995); Womack, J. P./Jones, D. T. (2005).

[65] Vgl. Schuh, G. (2006), S. 7-12.

[66] Vgl. Kapitel 2.1.1 Begriffsdefinitionen.

[67] Doppler, K. et al. (2002), S. 13.

[68] Vgl. Doppler, K. et al. (2002), S. 114; Doppler, K./Lauterburg, Ch. (2002), S. 82.

Die Rahmenbedingungen für eine erfolgreiche Umsetzung müssen folglich allgemeingültig und verbindlich sein und Top-Down festgelegt werden.

Um den Erfolg von Veränderungsmaßnahmen zu gewährleisten, ist es notwendig die Unternehmens- bzw. Organisationsstruktur und -kultur zu kennen.[69] Eine Analyse der Strukturen und Machtverhältnisse ist die Grundvoraussetzung für eine angepasste und mitarbeiterfreundliche Umsetzung von Veränderungsvorhaben. Im folgenden Kapitel werden gängige Methoden der Situationsanalyse innerhalb einer Organisation vorgestellt.

2.3.2 Situationsanalyse

Die Situationsanalyse dient als Grundlage für die Organisationsstrukturierung. Es wird zwischen der strategischen und der operativen Situationsanalyse unterschieden. Die strategische Analyse dient der Identifikation langfristiger Wirkungen und strategischer Zusammenhänge für die Unternehmensentwicklung. Die operative Situationsanalyse hingegen, befasst sich mit den aktuellen Gegebenheiten der bestehenden Situation und stellt kurz- und mittelfristige Auswirkungen in den Vordergrund.[70]

Für den Entwurf und Umsetzung eines individuell angepassten Einführungskonzepts ist die Analyse der bestehenden Situation von besonderer Relevanz, so dass im Folgenden näher auf die Methoden der operativen Situationsanalyse eingegangen wird.

2.3.2.1 Aufgaben- und Prozessanalyse

Im Rahmen der operativen Strukturanalyse werden die Gebildestruktur und die Prozessstruktur einer Organisation analysiert. Hierzu werden die *Aufbauorganisation* sowie *Ablauforganisation* untersucht und strukturiert dargestellt.

Die Analyse der Aufbauorganisation beginnt mit der Identifikation von Teilaufgaben ausgehend von der Gesamtaufgabe (Aufgabenanalyse). Die systematische Aufgliederung folgt der Logik vom *Groben zum Detail* und endet wenn eine Aufgabe einem Verantwortungsbereich bzw. einem Verantwortlichen eindeutig zuordenbar ist. Die einzelnen Aufgaben lassen sich wiederum in ihre Arbeitsschritte, d.h. die einzelnen zu verrichtenden Aktivitäten bzw. Vorgänge zerlegen (Arbeitsanalyse), die eine räumliche, zeitliche und personale Zuordnung ermöglichen.[71] Die Ablauforganisation baut auf der Aufgabenanalyse auf. Die Prozessstruktur wird in Form von Flussdiagrammen dargestellt. Hierbei werden die einzelnen Aufgaben in Prozessketten in eine zeitliche Reihenfolge

---

[69] Vgl. Doppler, K./Lauterburg, Ch. (2002), S. 91.

[70] Vgl. Vahs, D. (2007), S. 470.

[71] Vgl. Nolte, H. (1999), S. 59.

gebracht. Insgesamt ergibt sich eine übersichtliche Darstellung aller Aufgaben, Teilaufgaben, Elementaraufgaben sowie Prozessen, Teilprozessen und Arbeitsschritten.[72]

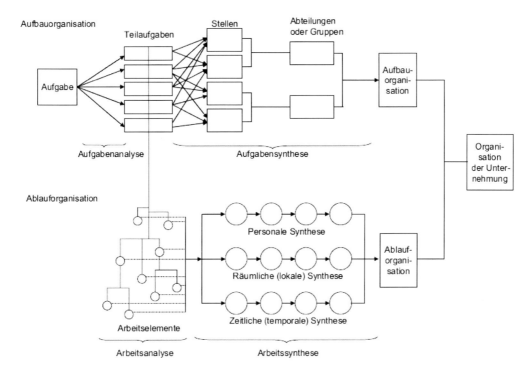

Abb. 11: Organisation, Aufbau- und Ablauforganisation (Quelle: Bleicher, K. (1991), S. 49).

Die Darstellung der Gebildestruktur einer Organisation erfolgt in einem Organigramm, das die entsprechenden Funktionen und Hierarchieebenen widerspiegelt. Hierbei kann zwischen der Linienorganisation, der Mehrlinien-organisation, der Stab-Linienorganisation und der Matrixorganisation unterschieden werden.[73] In Kapitel 2.1.2 (Projektorganisation) sind die Besonderheiten der verschiedenen Organisationstypen für den Spezialfall der Projektarbeit erläutert. Aufgrund dessen wird in diesem Kapitel lediglich auf die gängige Literatur der Organisationstheorie verwiesen.

2.3.2.2 Analyse des PM-Standards

Des Weiteren bietet es sich, im Hinblick auf die beabsichtigte Einführung von Projektmanagement-Standards an, das bereits vorhandene Wissen in Bezug auf diese Thematik zu analysieren. Hierfür soll im folgenden Kapitel näher auf gängige Analyse-Methoden für das Maß an gelebten Projektmanagement-Standards eingegangen werden.

---

[72] Vgl. Vahs, D. (2007), S. 52-56, S. 478-479.

[73] Vgl. u.a. Nolte, H. (1999), S. 74; Hub, H. (1994), S. 39-40.

Die Analyse existierender PM-Standards innerhalb einer organisatorischen Einheit dient zur Offenlegung von in der Praxis tatsächlich gelebten Methoden. Sie ist begleitet von einer Selbstreflexion der Organisation und somit einer kritischen Betrachtung der Organisationskultur.[74]

Hinter den in der Literatur genannten Begriffen PM-Scan, PM-Diagnose, PM-Assessment bzw. PM-Audit und PM-Review verbergen sich grundsätzlich ähnliche Methoden zur Bestimmung der Aufbau-, Ablauf- und Rahmenorganisation, der eingesetzten Tools, der Kommunikationskultur sowie der Prozesse und Methoden, die zur schnellen und transparenten Situationsbeschreibung in einem Projekt oder in einer Projektlandschaft führen. Im Folgenden werden kurz zwei Methoden zur Analyse der PM-Standards anhand praktischer Beispiel dargestellt.

PM-Scan bei Siemens ICN CV-A

Das Unternehmen Siemens ICN CV-A in Frankfurt am Main hat im Rahmen eines langfristigen Veränderungsprozess zur Einführung von Projektmanagement-Standards einen firmenindividuellen PM-Prozess entwickelt und installiert. Zielsetzung dieser organisatorischen, strukturellen und prozessualen Umstrukturierung war die Verbesserung der Kundenzufriedenheit. Zu Beginn der Umstrukturierung wurde ein sogenannter Project-Scan durchgeführt. In einem Kick-off Meeting wurde hierfür ein Fragebogen an alle Betroffenen verteilt, der die derzeitig gelebten Projektmanagement-Standards offenlegen soll (Abb. 12). Neben der Darstellung des PM-Status wurden so die Teilnehmer auf die relevanten Themen des Projektmanagements vorbereitet.[75]

---

[74] Vgl. u.a. Eschwei, W./Blume, J. (o.J.), S. 5.
[75] Vgl. Hab, G./Steinhauer, F. (2000).

Am Anfang steht die Analyse....

PM-Scan   Wichtigkeit Umsetzungsgrad

	--	-	+	++	--	-	+	++
Der Projektmanager wird formal benannt und dies auch schriftlich dokumentiert (Projektauftrag mit Rechten und Pflichten)								
Es gibt eine Formelle Übergabe zwischen Vertrieb und Projektabwicklung (Projektübergabegespräch)								
Die Mitglieder des Projekt-Kernteams sind namentlich benannt und ihre Rollen und Aufgaben sind klar definiert (Projektorganisation)								
Die Ziele des Projekts sind allen Beteiligten klar und durch markante Eckwerte dokumentiert ?								
Der Liefer- und Leistungsumfang (auf Basis Angebot und Vertrag) wird von den Mitgliedern des Projektteams gemeinsam überprüft und dokumentiert.								
Die Meilensteine (auf Basis Angebot und Vertrag) werden von den Mitgliedern des Projektteams gemeinsam überprüft und dokumentiert.								
Die Projektstruktur und die Definition von Arbeitspaketen werden auf Basis von Liefer- und Leistungsumfang und Meilensteinen systematisch erstellt.								
Der Terminplan wird auf Basis der Projektstruktur und der Aufwandsschätzung für Aktivitäten und Arbeitspakete systematisch erstellt.								
Für die Realisierungsphase wird ein detaillierter Rolloutplan erstellt, der die Termine für die einzelnen Prozessschritte pro Installation/Bauvorhaben definiert.								
Die vom Projekt betroffenen Führungskräfte und Mitarbeiter der Linienorganisation werden im Rahmen einer KickOff-Veranstaltung über die Projektplanung und -inhalte informiert.								
Im Projektteam werden regelmäßig (wöchentlich) Projektbesprechungen durchgeführt in denen Projektplanung,-fortschrittskontrolle und Informationsaustausch im Vordergrund stehen.								

G.Hab, PMC²   Abb. 1
F.Steinhauer, Siemens AG

Abb. 12: Beispiel des PM-Scans bei Siemens ICN CV-A (Quelle: Hab, G./Steinhauer, F. (2000), S. 2.).

Diagnose-Methode des GPM

Die Methode der GPM besteht aus den drei Phasen Einstieg, Durchführung und Auswertung. In der ersten Phase werden zunächst die Ziele sowie der Diagnoseablaufplan festgelegt. Dem Assessor werden die relevanten Firmen-unterlagen zur Verfügung gestellt und ausgewertet. In der zweiten Phase wird das Gespräch vor Ort gesucht und die Verträglichkeit der existierenden Organisationsregeln mit der Projektmanagement-Praxis analysiert. In der dritten Phase werden die ermittelten Daten ausgewertet und es findet ein Abgleich und eine Beurteilung der organisationsspezifischen Prozesse mit denen in der ISO 10006 spezifizierten Projektmanagement-Prozessen statt. Die laufenden Prozesse werden anhand einer Zahlenskala von 1 bis 10 beurteilt und ein Radar-Diagramm erstellt (Abb. 13). Der Fragenkatalog ist organisations- und branchenspezifisch und gewährleistet eine individuelle Analyse.[76]

---

[76] Eschwei, W./Blume, J. (o.J.).

	PM-Potential im Unternehmen nach E DIN 69904		
Pm-Nr.:	PM-Elemente	Firmen-Potential	Status der Firma
1	strateg. Ziele durch PM erreichen	6	1
2	Zieldefinition	6	1
3	Personalmanagement	1	1
4	Projektstrukturierung	2	2
5	Projektorganisation	3	3
	Kostenmanagement	1	1
7	Ressourcenmanagement	4	0
8	Ablauf- u. Terminmanagement	2	2
9	Risikomanagement	1	1
10	Vertragsmanagement	1	0
11	Nachforderungsmanagement	1	0
12	Konfigurationsmanagement	1	0
13	Änderungsmanagement	1	1
14	Projektbeobachtung (Monitoring)	6	1
15	Informations- und Berichtswesen	6	1
	Dokumentation	6	2
16	Kommunikation	6	3
17	Controlling;BWL,tech.,Termin	2	0
18	Logistik	1	0
19	Qualifizierung von PL	8	2
20	Qualitätsmanagement	6	1
Radar-Diagramm			

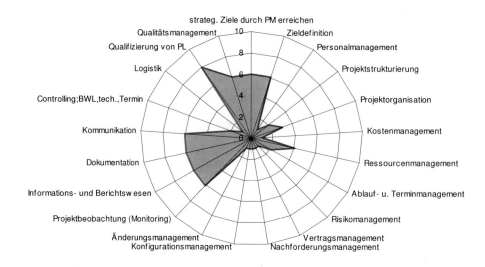

Abb. 13: PM-Assessment Radar-Diagramm der GPM (Quelle: Eschwei, W./Blume, J. (o.J.)).

2.3.3 Widerstände und Konflikte

Der Erfolg von Veränderungsprojekten ist abhängig von den Widerständen, die im Projektverlauf entstehen und den Fortschritt verzögern oder das gesamte Projekt zum Scheitern bringen. Widerstand ist,

„[...] wenn vorgesehene Entscheidungen oder getroffene Maßnahmen, [...] die als sinnvoll, logisch oder dringend notwendig erachtet werden, aus

32

zunächst nicht ersichtlichen Gründen bei Individuen, bei einzelnen Grup-
pen oder bei der ganzen Belegschaft auf [...] Ablehnung stoßen, nicht un-
mittelbar nachvollziehbare Bedenken erzeugen oder durch passives Ver-
halten unterlaufen werden."[77]

2.3.3.1 Widerstände in Veränderungsprojekten

Grundlegend für die Entstehung von Widerständen ist fehlende Information über das *Warum?* einer Veränderung. Angst und Abwehr sind natürliche Reaktionen auf sich ankündigende Veränderungen.[78] Für den Erfolg von geplanten Veränderungen, ist es ausschlaggebend die Betroffenen frühzeitig über die bevorstehenden Maßnahmen zu informieren und darüber hinaus in den Veränderungsprozess zu integrieren. Durch die frühzeitige Integration aller, von den Veränderungen betroffenen Personen wird Widerständen vorgebeugt, die durch einen *„Kaltstart"* ohne Vorwahrung oder ein *„Not-Invented-here-Syndrom"* hervorgerufen werden.[79]

Ist das *Warum* geklärt und verstanden, ergeben sich dennoch häufig Widerstände. Gründe hierfür sind Zweifel an der tatsächlichen Notwendigkeit bzw. dem Erfolg der Maßnahme. Eine der größten Herausforderungen bei Veränderungsprojekten sind negative Erwartungen hinsichtlich der vorgesehenen Maßnahmen.[80] Die Veränderung bestehender organisatorischer Strukturen und althergebrachter Arbeitstechniken, die bei einer Einführung von Projektmanagement-Standards notwendig sind, führt insbesondere zu Befürchtungen im Sinne eines Machtverlusts. Linienvorgesetzte fürchten um Einschnitte in ihre Weisungs- und Entscheidungsbefugnisse für Ressourcen und Mitarbeiter. Die Idee von mehr Eigenverantwortung und Handlungsspielräume für die zukünftigen Projektleiter führt zu Skepsis und Abwehr gegen die neue Struktur. Die Notwendigkeit einer anderen Arbeitstechnik wird in Frage gestellt bzw. es wird die Ansicht vertreten, dass Projektmanagement bereits existiert und umgesetzt wird.[81]

Die wichtigsten Elemente für ein erfolgreiches Change Management bei der Einführung von Projektmanagement-Standards in eine gewachsene, stark hierarchisierte Organisation sind folglich

- Information,
- Integration und

---

[77] Doppler, K./Lauterburg, Ch. (2002), S. 323.

[78] Vgl. Doppler, K./Lauterburg, Ch. (2002), S. 82.

[79] Vgl. Doppler, K./Lauterburg, Ch. (2002), S: 83-85.

[80] Vgl. Doppler, K./Lauterburg, Ch. (2002), S. 324.

[81] Vgl. Schelle, H. (2007), S. 244.

- Kommunikation.[82]

Die Kommunikation ist hier in die formelle und informelle Kommunikation zu unterteilen. Die Kick-off-Veranstaltung, regelmäßige Treffen und Rücksprachen mit den Vorgesetzten, die Dokumentation und Präsentation des Vorgehens und der Ergebnisse sowie Schulungen der Mitarbeiter sind für eine rein formelle Kommunikation unerlässlich.[83] Daneben ist die informelle Kommunikation ein wesentlicher Aspekt zur Durchbrechung von Widerständen.[84] Emotionen im Sinne von Verlustängsten und Zukunftsängsten sind Gründe für Widerstand[85], die nicht im formellen Rahmen angesprochen werden, oft aber bei informellen Gesprächen beseitigt werden können.[86]

Im vorliegenden Fall, der Einführung von Projektmanagement parallel zu den bestehenden Kompetenzfeldern (Linien), in Form einer Matrix-Projektorganisation[87], ist insbesondere die Angst vor zukünftigen Konflikten zwischen Projekt und Kompetenzfeld (Linie) Ursache für Widerstände. Aus diesem Grund wird im folgenden Kapitel das Konfliktmanagement gesondert thematisiert.

2.3.3.2 Konfliktmanagement

Konfliktursachen und Konfliktarten

Die Quellen für Konflikte können unterschiedlich sein. Prinzipiell kann die Sachebene von der psycho-sozialen Ebene unterschieden werden. Während auf sachlicher Ebene Zielkonflikte, Beurteilungskonflikte und Ressourcenkonflikte in Bezug auf ein Erreichen von Zeit-, Kosten- und Leistungszielen ausschlaggebend sind, spielen bei der psycho-sozialen Ebene persönliche und emotionale Werte eine Rolle (Abb. 14).[88]

---

[82] Vgl. Doppler, K./Lauterburg, Ch. (2002), S. 351.

[83] Vgl. hierzu auch Hansel, J./Lomnitz, G. (2003), S. 69ff.

[84] Vgl. Allgeier, F. (2005), S. 58-59.

[85] Vgl. Doppler, K. et al. (2002), S. 63.

[86] Vgl. Doppler, K/Lauterburg, Ch. (2002), S. 355ff.

[87] Vgl. Kapitel 4.3.1 Umsetzung Organisatorische Strukturierung.

[88] Vgl. Schelle, H. (2007), S. 240-241.

Abb. 14: Konfliktursachen (Quelle: Eigene Darstellung in Anlehnung an Schelle, H. (2007), S. 240-241).

Zudem können die Konfliktarten im Rahmen von Projektarbeit in interne und externe Konflikte unterschieden werden. Interne Konflikte findet man innerhalb des Projektteams, zwischen den Projektverantwortlichen und den Linien-verantwortlichen sowie zwischen den verschiedenen Linien einer Organisation. Externe Konflikte spielen immer dann eine große Rolle, wenn externe Projekt-partner oder Lieferanten maßgeblich an der Zielerreichung beteiligt sind. Für das MPA/IfW sind externe Partner insbesondere die Industrie und Förder-vereine (Abb. 15).

Abb. 15: Interne und externe Konflikte (Quelle: Eigene Darstellung).

Konfliktlösungen

Die verschiedenen Arten der Konfliktlösungen zeigen sich je nach Charakter der involvierten Personen und der gegeben Situation. Zu unterscheiden sind die in Abb. 16 dargestellten Lösungsvarianten Flucht, Kampf, Kompromiss, Delega-tion und Konsens.

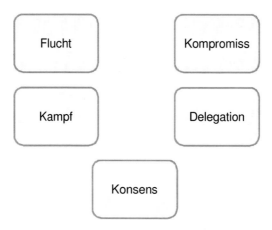

Abb. 16: Konfliktlösungen (Quelle: Eigene Darstellung in Anlehnung an Schelle, H. (2007), S. 243).

Die *Flucht* bedeutet das Ignorieren des Konflikts. Es handelt sich hierbei nur um eine Scheinlösung, die den Konflikt lediglich aufschiebt. Der *Kampf* als Konflikt-lösung ist oft zwischen Vorgesetzten und Mitarbeiter zu finden. Auch hierbei handelt es sich um eine Scheinlösung, die oft Rachegefühle hinterlässt und sich an anderer Stelle erneut äußert. Aufwendig und typisch für die Kompetenz-bestimmung des Projektleiters ist der *Kompromiss.* Hier besteht die Gefahr der Manipulation bei der Lösungsfindung. Ein Kompromiss ist deshalb oft eine halbe Lösung, bei der mindestens eine Partei meist unzufrieden zurückbleibt und Potenzial für weitere Konflikte generiert. Die Angst der Linienvorgesetzten oder des Top-Managements Macht zu verlieren, führt in solchen Fällen oft zur Beschneidung des Projektleiters hinsichtlich seiner Befugnisse. Die *Delegation von Konflikten,* d.h. die Eskalation von ungeklärten Konflikten auf höhere Managementebenen führt zu einer schnellen und sachlichen Lösung. Grund-voraussetzung für die erfolgreiche Beseitigung des Konflikts ist jedoch, dass die Parteien den Schiedsspruch akzeptieren. Der *Konsens* als Konfliktlösung ist mühselig aber nachhaltig.[89] Für die erfolgreiche Einführung von Projektmana-gement-Standards ist es essentiell, die Wichtigkeit der Projektarbeit für das Unternehmen zu vermitteln. Oft wird sich jedoch die Zeit für den Konsens nicht genommen und das Management missachtet dadurch, dass die Betroffenen mitziehen müssen, um den Erfolg von Veränderungsvorhaben zu gewährleis-ten.[90]

Konfliktvermeidung

Die Konfliktvermeidung, in Form von präventiven Maßnahmen, ist für die Durch-führung von Umstrukturierungen und organisatorischen Veränderungen, bei

---

[89] Vgl. Schelle, H. (2007), S. 242-244.
[90] Vgl. Doppler, K./Lauterbur, Ch. (2002), S. 84.

denen der Faktor *Mensch* im Vordergrund steht von herausragender Bedeutung. Zu den entsprechenden Maßnahmen gehören insbesondere die Rechtzeitige Information aller Betroffenen hinsichtlich der Maßnahmen, die Beteiligung an Entwicklungsprozessen und Entscheidungen sowie das Kennenlernen anderer Sichtweisen durch wechselnde Arbeits- und Aufgabenfelder.[91]

---

[91] Vgl. Schelle, H. (2007), S. 244.

3 Methoden des Operativen Projektmanagements

Im Rahmen der Einführung von Projektmanagement-Standards im Kompetenz-bereich Oberflächentechnik der MPA/IfW sollten den Mitarbeitern grundlegende Methoden und Instrumente zur operativen Projektgestaltung vermittelt werden. In einer Schulung wurden die Grundlagen für eine erfolgreiche Planung, Steuerung und den Abschluss von Projekten vermittelt. Vorbereitend wurden die Schulungsinhalte auf die Anforderungen speziell für diese Organisations-einheit erarbeitet und entsprechende Unterlagen und Dokumente erstellt, die die Mitarbeiter zukünftig bei der Umsetzung von Projektarbeit unterstützen sollen. In den folgenden Kapiteln werden die Grundlagen ausgewählter Methoden und Instrumente vorgestellt. Die dargestellten Inhalte wurden den Mitarbeitern des Kompetenzbereichs Oberflächentechnik zudem in Form einer Schulungsmappe zur Verfügung gestellt.[92]

3.1 Basiswissen Operatives Projektmanagement

Voraussetzung für ein erfolgreiches Projektmanagement ist die Akzeptanz von verschiedenen Rollen und deren Kompetenzen sowie die Beachtung von Rahmenbedingungen im Projekt.

1. Es existiert ein Auftraggeber.
2. Es gibt ein Projektziel und zu beachtende Rahmenbedingungen.
3. Es wird eine Projektgruppe eingerichtet.
4. Es gibt einen Projektleiter.[93]

Die Rollen der Projektbeteiligten sind klar definiert. In Kapitel 2.1.3 wurden die verschiedenen Tätigkeitsbereiche und Rollenprofile der am Projekt beteiligten Personen bereits ausführlich dargestellt. Auf einer übergeordneten Ebene findet das strategische Management, d.h. die Koordination des Projektportfolios statt. Der Projektleiter selbst ist für das operative Projektmanagement, d.h. die Planung, Steuerung und Kontrolle der Projektinhalte über den gesamten Projektlebenszyklus hinweg, verantwortlich. Das Projektteam ist letztendlich der Garant für die erfolgreiche Durchführung der anfallenden Arbeitspakete.

Projektorganisation	=	Projektportfolio-Koordinator
Projektplanung, -steuerung	=	Projektleiter
Projektdurchführung	=	Projektteam

---

[92] Vgl. Anhang.

[93] Vgl. Kupper, H. (2001), S. 25-29.

Zudem gehört das Verständnis des Projektlebenszyklus, d.h. die Einteilung des Projektverlaufs in Phasen und Prozesse zum grundlegenden Wissen des Projektmanagements. Insbesondere bei F&E-Projekten kann oft kein vereinheitlichtes Vorgehensmodell angewendet werden. Der Projektleiter muss in so einem Fall die Phasen und Prozessketten des Projekts individuell definieren.[94]

Abb. 17 zeigt ein idealisiertes Phasendiagramm und ordnet die Projektprozesse der Initiierung, Planung, Ausführung, Controllings und Abschlusses grob den Phasen der Konzeption, Spezifikation, Realisierung und Implementierung zu. Wichtig ist das Verständnis für die dynamische Umsetzung von Projektarbeit. Die Prozesse sind nicht statisch einer Phase zuordenbar, sondern erstrecken und wiederholen sich über den Projektlebenszyklus hinweg.

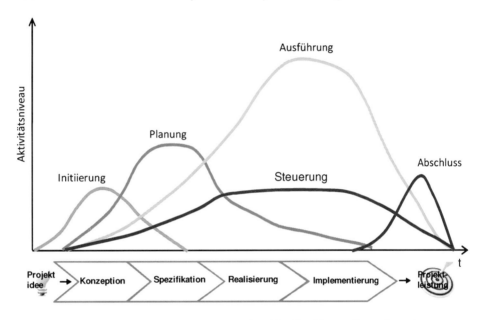

Abb. 17: Phasen und Prozesse des Projektlebenszyklus (Quelle: Eigene Darstellung in Anlehnung an PMI Standards Committee, Duncan, W.R (1996), S. 29).

Die folgenden Kapitel gehen näher auf die Phasen und Prozesse des Projektlebenszyklus ein und vermitteln die grundlegenden Inhalte des operativen Projektmanagements ein. Aufgrund der Vielfalt der in der gängigen Literatur und Praxis vorzufindenden Basisregeln, Methoden und Instrumente sind hier nur die auf die Bedürfnisse des Kompetenzbereichs Oberflächentechnik zugeschnittenen Inhalte dargestellt.

---

[94] Vgl. Schelle, H. (2007), S. 207.

3.2 Operatives Projektmanagement nach Projektphasen

Der Projektlebenszyklus lässt sich in verschiedene Phasen einteilen. In der Literatur und Praxis sind verschiedene Projektlebenszyklusmodelle zu finden. Aufgrund der Komplexität und der Verschiedenheit der Projekte in den einzelnen Branchen und sogar teilweise zwischen Unternehmen in einer Branche, gibt es jedoch bisweilen keine einheitliche Anwendung des Lebenszykluskonzepts.[95] Im Laufe der Zeit haben sich in Abhängigkeit der Branche verschiedene Konzepte durchgesetzt.[96]

In einem idealisierten Phasenkonzept wird das Projekt in die vier Phasen der Konzeption, Spezifikation, Realisierung und Implementierung unterteilt. Vor der Konzeptionsphase steht die Projektidee und das Ergebnis ist die Projektleistung.

Abb. 18: Idealisiertes Phasendiagramm (Quelle: Eigene Darstellung).

Ziel dieser Unterteilung ist eine Reduktion der Komplexität, Verbesserung der Zielorientierung bei der Aufgabenlösung, Verbesserung der Planbarkeit von komplexen, übergreifenden, einmaligen und neuartigen Aufgaben, Verbesserung der Kontrollierbarkeit durch das Projektteam, die Projektleitung und den Auftraggeber, Erhöhung der Transparenz für alle Beteiligten und Betroffenen.[97]

Am Ende jeder Phase wird ein abgeschlossenes Ergebnis (*deliverables*) erzeugt. Hierunter ist eine konkrete, messbare Leistung zu verstehen z.B. eine Wirtschaftlichkeitsrechnung, ein detaillierten Entwurf oder ein funktionierender Prototyp. Der Abschluss einer Phase ist gekennzeichnet durch eine Lagebesprechung, bei der sowohl die erzeugten Arbeitsergebnisse sowie der Projektfortschritt diskutiert werden, und die Entscheidung des Fortführens und den Übergang zur nächsten Phase oder der Abbruch des Projekts beschlossen werden. Am Ende jeder Phase sind die entsprechenden Dokumente und Informationen festzuhalten und für die anschließende Phase entsprechend aufzubereiten. Die so genannten *Phase Exits* oder *Stage Gates*[98] sind insbesondere im Hinblick auf die Ergreifung zeitnaher und kostensparender

---

[95] Vgl. Majetschak, B. (Übers.) (2003), S. 60.

[96] Einige Beispiele sind das Phasenkonzept nach Shtub, A./Bard, J./Globerson, S. (1994), S. 25, das Phasenkonzept nach Madauss, B.J. (2000), S. 70 und die Projektphasen nach HOAI §15 und DVP für die Baubranche.

[97] Vgl. Keßler, H./Winkelhofer, G.A. (1997), S. 67; Winkelhofer, G.A. (1997), S. 15.

[98] Für eine nähere Erläuterung des *Stage-Gate-Modell* vgl. Motzel, E. (2006), S. 201-202.

Änderungs- und Korrekturmaßnahmen von essentieller Bedeutung. Je nach Definition können vor-angegangene Machbarkeitsstudien und sich anschliessende, auszuführende Abläufe in die erste bzw. abschließende Projektphase mit einbezogen oder getrennt davon betrachtet werden. Auch können nachfolgende Phasen bereits begonnen werden, bevor das Ergebnis der vorherigen Phase erstellt wurde (*fast tracking*).[99]

Zudem sollte die Organisationsstruktur entsprechend der benötigten Arbeitskräfte, Ressourcen und Qualifikationen im Verlauf des Projekts flexibel angepasst werden. Während in der Startphase der Projektleiter alleine oder ein kleines Kompetenzteam den Auftrag mit dem Auftraggeber und dem Lenkungsausschuss abstimmt, eine Stab-Projektorganisation folglich ausreicht, so ist in der Konzeptionsphase ein interdisziplinäres Team mit Know-how aus allen betroffen Disziplinen relevant, um ein möglichst vollständiges und detailliertes Konzept zu erarbeiten. Für die Konzeptionsphase bietet sich also eine Matrixorganisation an, die aus allen Bereichen Mitarbeiter einbindet und die Ziele und Resultate auf kürzestem Wege kommuniziert. In der Realisierungsphase ist wiederum die reine Projektorganisation sinnvoll. Sie garantiert dem Projektleiter die benötigten Entscheidungs- und Weisungsbefugnisse, die Ziele können ungehindert von dem alltäglichen Geschäft der Unternehmung verfolgt werden, das notwendige Schnittstellenmanagement ist geringer und die Umsetzung der Projektaufgabe wird vereinfacht und beschleunigt. In der Implementierungsphase bietet sich eine Linien-(Projekt)Organisation an. In dieser Phase steht der Abschluss des Projekts unmittelbar bevor und es findet häufig ein Übergang zu Routineprozessen statt. Eine schlanke, mit Fachkräften besetzte, potenzielle Nachfolgeorganisation ist in dieser Phase zweckdienlich.[100]

3.2.1 Konzeptionsphase

Ausgehend von einer Projektidee bzw. einem Problem oder einer Anforderung wird die Initiative für einen Projektauftrag gestartet. Eine umfangreiche und sorgfältige Projektvorbereitung dient dazu, unnötige Risiken zu vermeiden und einen erfolgreichen Projektablauf zu gewährleisten. Die Anforderungen, Ideen und Probleme werden in einem formulierten und definierten Auftrag konkretisiert und der Projektleitung bzw. dem Projektteam vorgelegt. Der Projektauftrag sollte die folgenden Elemente definieren:

- Problemstellung/Ausgangslage,

- Rahmenbedingungen/ Gestaltungsbereich,

- Zielsetzung/Ergebnisse,

---

[99] Vgl. PMI Standards Committee, Duncan, W.R. (1996), S. 11-12.
[100] Vgl. Kuster, J. et al. (2006), S. 33-69.

- durchzuführende Aufgaben/Darstellung der chronologischen Reihenfolge,

- Aufwand/Kosten/Budget,

- Termine/Meilensteine,

- Einflussgrößen/Restriktionen,

- Projektaufbauorganisation/ Benennung des Projektleiters, Lenkungsausschuss, Team, und

- Informationsempfänger und Informant.

Bevor der Projektauftrag endgültig verabschiedet wird, sollte in einer Kick-off-Veranstaltung der Projektleiter sowie das Team mit dem Auftrag vertraut gemacht worden sein. Nicht schlüssige Punkte, die Vollständigkeit der Aufgabenstellung und Änderungsvorschläge sollten zunächst geklärt werden, insbesondere mit Blick darauf, dass der spätere Projekterfolg daran gemessen wird.[101]

In der Konzeptionsphase wird das Systemkonzept erstellt, die Wechselwirkungen und die Verträglichkeit des Systems mit der Umgebung analysiert und die Umsetzbarkeit und Erfüllung der Kunden- bzw. Auftraggeberwünsche überprüft. Auf Basis des gewählten Lösungsansatzes und der sich ergebenden Rahmenbedingungen aus der Vorstudie wird die Zielerreichung, Funktionstüchtigkeit, Zweckmäßigkeit und Wirtschaftlichkeit beurteilt. Die Ausarbeitung von Lösungsvarianten steht im Fokus dieser Phase. Das Ergebnis ist die Entscheidung für eine konkrete Lösungsvariante. Es werden die vorläufigen Zeit- und Kostenpläne sowie Managementkonzepte erstellt. Diese Phase dient der Vorbereitung und Entscheidung zur Fortführung des Projekts in der Spezifikationsphase.

Die Mitarbeiter dieser Phase müssen ein umfangreiches allgemeines Wissen hinsichtlich der verwendeten Technologien und Entwicklungen besitzen. In Zusammenarbeit von systemspezifischen Spitzenkräften und projektspezifischen Fachexperten werden neue, realistische Ideen generiert. Sie müssen der interdisziplinären Aufgabe einer vorläufigen Kostenanalyse gewachsen sein, die sowohl wirtschaftliches als auch technisches Wissen erfordert.[102] Die einzelnen Aufgaben für die Konzeptionsphase lassen sich wie folgt zusammenfassen:

- Festlegung der Ziele für Teilprojekte und –systeme, z.B. durch Brainstorming oder Ableiten von einem globalen Hauptziel.

---

[101] Vgl. Pfetzing, K./Rohde, A. (2006), S. 127-130.

[102] Vgl. Madauss, B.J. (2000), S. 73-74; Kuster, J. et al. (2006), S. 19.

- Entwicklung von Lösungsvarianten.

- Erarbeitung von groben Zeit- und Kostenplänen für jede Variante.

- Überprüfung der Zielkonformität jeder Variante sowie

- Bewertung der Lösungsvarianten und Auswahl einer Variante.

3.2.2 Spezifikationsphase

In der Spezifikationsphase wird das Detailkonzept der zuvor gewählten Lösungsvariante erarbeitet. Das Lösungskonzept wird in einzelne Aspekte auf-gliedert, die teilweise isoliert betrachtet werden und für die einzelnen Teil-lösungen konkretisiert werden. In einer detaillierten Planung werden Ablauf- und Terminpläne festgelegt sowie ein Ressourceneinsatzplan in Absprache mit der Linienorganisation erarbeitet. Zudem wird ein Kostenplan aufgestellt, der die benötigten finanziellen Mittel konkretisiert.

Am Ende dieser Phase muss ein aktueller Projektstrukturplan aufgestellt sowie die zu verrichteten Tätigkeiten festgelegt sein, die innerhalb der einzelnen Arbeitspakete auszuführen sind. Es muss zudem die Frage der zur Verfügung stehenden Spezialisten und Arbeitskräfte für die entsprechenden Tätigkeiten geklärt werden und die allgemein benötigten Ressourcen im Verlauf des Projekts kalkuliert, sowie deren Verfügbarkeit sichergestellt werden. Zudem sollte der finanzielle Bedarf im Zeitverlauf gesichert sein und die entsprechen-den Planungsresultate den betroffenen Beteiligten kommuniziert werden. Zusammengefasst ergeben sich für die Spezifikationsphase die folgenden Aufgaben:

- Ausarbeitung einer detaillierten Lösung der ausgewählten Variante,

- Konkretisierung des Projektstrukturplans,

- Festlegung der Tätigkeiten der einzelnen Arbeitspakete,

- Klärung von Abhängigkeiten,

- Festlegung der benötigten Fähigkeiten für die Umsetzung ,

- Klärung der Verfügbarkeit qualifizierter Mitarbeiter und Spezialisten,

- Abschätzung der Ressourcenzuteilung,

- Durchführung der Terminierung,

- Prüfung der Verfügbarkeit von Ressourcen,

- Planung der Finanzmittelbeschaffung (Liquidität, Cash-Management) sowie

- Kommunikation der Planungsresultate.

Bevor die nächste Phase (Realisierung) freigegeben werden kann, muss diese im Hinblick auf die zu erreichenden Ziele, Zwischenziele, Entscheidungsgrundlagen, benötigten Angaben, Ressourcen und Know-how, eventuelle Risiken, finanzielle Mittel und sonstige kritische Punkte detailliert geplant sein.[103]

3.2.3 Realisierungsphase

In der Realisierungsphase wird nun auf Basis der vorangegangenen Spezifikation das Projektprodukt bzw. die Projektleistung erstellt. Hierbei sollen die gesetzten Zeit-, Kosten- und Qualitätsziele erreicht werden, die je nach Projekttyp durch umfangreiche Konstruktions-, Integrations- und Testarbeiten (z.B. beim Anlagenbau) bzw. Probeläufe, Pilotversuche usw. (bei Organisationsprojekten) gekennzeichnet sind. Das Produkt bzw. die Lösung wird konstruiert und getestet. In dieser Phase sind Fachkräfte und Spezialisten für die Bereiche Systemtechnik, Qualitätssicherung, Konstruktion, Fertigung, Integration und Test, Projekt-Controlling, Vertrags- und Finanzwesen, Logistik und Organisation gefragt, d.h. im Vergleich zu den vorangegangenen Phasen sind hier hardwareorientierte und weniger studienorientierte Mitarbeiter erforderlich.[104]

Die folgenden, zu verrichtenden Schritte lassen sich für diese Phase zusammenfassen:

- Erstellung eines Kostenplans,

- Bereitstellung der Sachmittel sowie personeller und finanzieller Mittel,

- Anpassung der Projektorganisation,

- Herstellung und Testen der Lösung bzw. des Produkts,

- Planung der Ausbildung künftigen Benutzer,

- Steuerung des Projektablaufs,

- Durchführung von Soll/Ist-Vergleichen,

- Kommunikation von Abweichungen,

- Information der Beteiligten sowie

- Information externer Stellen.

Die ursprüngliche Planung wird in dieser Phase auf ihre noch bestehende Gültigkeit hin überprüft. Sind bestimmte Ecktermine (Meilensteine) nicht eingehalten worden oder haben sich die Rahmenbedingungen während des

---

[103] Vgl. Kuster, J. et al. (2006), S. 52-58.

[104] Vgl. Madauss, B.J. (1994), S. 74.

Fortschreitens geändert, so muss die Planung angepasst werden und die Veränderungen an die Betroffenen kommuniziert werden. Am Ende der Realisierung wird die nächste Phase detailliert geplant. Da es sich hierbei um die Implementierungsphase handelt, muss der Abschluss des Projekts und der Übergang zur Nutzung des Projektergebnisses vorbereitet werden.[105]

3.2.4 Implementierungsphase und Projektabschluss

Die Implementierung der erstellten Leistung umfasst nicht nur die Einführung der Lösung und die Auflösung der Projektorganisation, sondern sollte zudem die Auswertung des Projektverlaufs und eine Bewertung des gesamten Projekts einschließen. Die während des Projektverlaufs gesammelten Erfahrungen und Erkenntnisse sollten im Rahmen eines effektiven Wissensmanagements dokumentiert werden, so dass sie bei vergleichbaren, zukünftigen Projekten als Erfahrungsgrundlage dienen. Der saubere Abschluss des Projekts sollte die folgenden Elemente enthalten:

- Sorgfältige Übergabe der erstellten Leistung an die Linie,
- Befähigung der Benutzer die Leistung anzuwenden,
- Kontrolle der Zielerreichung,
- Schlussabrechnung und Kalkulation der entstandenen Kosten,
- evtl. Vorbereitung von Wartung und Pflege durch Nachfolgeorganisation,
- Dokumentation des erlangten Wissens und der gemachten Erfahrungen,
- Durchführung einer abschließenden Beurteilung,
- Übergabe an den Auftraggeber,
- Auflösung des Projektteams sowie
- evtl. Vereinbarung eines Nachuntersuchungstermins.[106]

---

[105] Vgl. Kuster, J. et al. (2006), S. 60.
[106] Vgl. Kuster, J. et al. (2006), S. 64-69.

3.3 Operatives Projektmanagement nach Prozessen

Ein Prozess ist definiert als eine

„[...] Aneinanderreihung von Aktivitäten, die zu einem Ergebnis in Form einer Leistung oder eines Produkts führen."[107]

Das PMBOK unterscheidet zwischen Projektmanagement-Prozessen, die dazu dienen die Projektarbeit zu beschreiben und zu organisieren, und den produktorientierten Prozessen, die das Produkt spezifizieren und erstellen. Diese beiden Prozessarten überlappen und bedingen sich gegenseitig während des ganzen Projektablaufs. In jeder Projektphase sind die verschiedenen Prozesse in gleicher oder divergierender Reihenfolge vollständig oder nur teilweise zu finden. Sie sind keine diskrete Größe, sondern sich überlappende Aktivitäten, die in unterschiedlicher Intensität in den einzelnen Projektphasen auftauchen. Die verschiedenen Prozesse sind über Input-Output-Beziehungen miteinander verbunden. Der Output eines vorangegangenen Prozesses stellt so den Input des darauffolgenden dar. Ein Prozess wiederum lässt sich in die einzelnen Bestandteile Input, verwendete Tools und Techniken sowie Output unterteilen.[108]

3.3.1 Initiierungsprozesse

Unter Initiierung wird die Veranlassung verstanden mit der nächsten Phase des Projekts zu beginnen. In der Konzeptionsphase sind die Initiierungsprozesse am intensivsten. Hier findet die Ideenfindung, die Auswahl und die erstmalige Auseinandersetzung mit den Projektinhalten statt. Die Initiierungsprozesse treten im Rahmen dieses Buches in den Hintergrund. Der Fokus liegt auf den Prozessen der Projektplanung, d.h. die Projektidee ist bereits vorhanden und eine Abwägung der Projektwürdigkeit und die entsprechenden Genehmigungsverfahren sind bereits abgeschlossen.

Während der Projektinitiierung werden jedoch bereits wichtige Projektdaten festgelegt und Dokumente erstellt, die für die weitere Planung essentiell sind. Ausgehend von einem konkreten Projektauftrag sollte zunächst eine knappe und präzise Zusammenfassung der wichtigsten Planungselemente im Projekt vorgenommen werden. Die wesentlichen Elemente sind:

• Zusammenfassung der Ausgangs-/Problemlage,

• Festschreibung des Projektziels und der Teilziele,

• Klärung des Nutzens für den Kunden und das Unternehmen,

---

[107] Pfetzing, K./Rohde, A. (2006), S. 159.
[108] Vgl. PMI Standards Committee (2004), S. 39.

- grobe Darstellung der wichtigsten Projektphasen und Meilensteine,

- Listung der vom Projekt betroffenen Organisationen und Institutionen,

- grobe Mittelschätzung (Kosten, Arbeitszeit, Infrastruktur),

- kurze Darstellung der Projektorganisation, der Sitzungen und Entscheidungsgremien,

- die wichtigsten Personen im Projekt,

- Genehmigungszeile für die Unterschrift des Auftraggebers und

- Verweis, wer über das Projekt und den Projektauftrag informiert werden muss.

Auf Basis der Richtziele, die durch den Projektauftrag vorgegeben sind, können bereits Grobziele und später Feinziele abgeleitet. Die Grobziele können bereits vor Projektstart vom Projektteam gemeinsam erarbeitet werden, während die Feinziele erst zu Beginn jeder Phase spezifiziert werden.[109]

Die Projektziele lassen sich prinzipiell in Sachziele, Kostenziele und Terminziele untergliedern. Die Zielfindung wird anhand der Faustformel SMART *Specific Measurable Agreeable Realistic Timely* definiert. D.h. die Ziele müssen

S – spezifisch: konkrete und ergebnisorientierte formuliert sein, sie sollten

M – messbar: notwendig für die Umsetzung und Überwachung des Projekts sein,

A – aktiv beeinflussbar bzw. ableitbar: Ableitbarkeit von konkreten und umsetzbaren Maßnahmen muss gewährleistet sein,

R – realistisch: gemessen an den Projektmitarbeitern, der Infrastruktur und der Zeit sowie

T – terminiert: Bestimmbarkeit eines Zeitpunktes für die Vorlage es Ergebnisses. [110]

Wichtig ist eine ergebnisorientierte Zielformulierung. Im Gegensatz zu prozessorientierten Zielen beziehen sie sich auf Ergebnisse (deliverables) und nicht auf Tätigkeiten, so dass eine Messbarkeit der Zielerreichung sichergestellt ist.[111]

Als Grundlage für die weitere Planung bietet es sich an, zunächst eine kurze Zusammenfassung der Anforderungen und Rahmenbedingungen vorzunehmen. Ausgehend vom Projektauftrag unterstützt und erleichtert die Formu-

---

[109] Vgl. Meier, R. (2006), S. 38.

[110] Vgl. Stöger, R. (2007), S. 45-46; Drucker, P.F. (1954), S. 153ff.

[111] Vgl. Stöger, R. (2007), S. 46.

lierung eines Projektbasis-Dokuments (Abb. 19) die erneute Reflexion der groben Projektinhalte und wichtigsten Eckdaten vor Projektbeginn.[112]

Projektbasis

Projekttitel:

Teilprojekte:

Projektziel:

Rahmenbedingungen:

Auftraggeber:

Projektleiter:

Projektteam:

Anfangsdatum:

Enddatum:

Abb. 19: Projektbasis-Dokument (Quelle: Eigene Darstellung in Anlehnung an Litke, H.-D. (2007), S 332).

---

[112] Vgl. u.a. Litke, H.-D. (2007), S. 88; Boy, J./Dudek, C./Kuschel, S. (2006), S. 71.

3.3.2 Planungsprozesse

Der Begriff Planung ist definiert als

> *„[...] das gedankliche Vorwegnehmen zukünftigen, zielgerichteten Handelns."*[113]

Die Planung dient der Orientierung des Projektleiters sowie der Projektmitarbeiter über den gesamten Lebenszyklus des Projekts hinweg. Sie dient der Koordination und Delegation von Aufgaben und Inhalte des Projekts. Insbesondere am Anfang des Projekts wird durch die Planung die richtige Vorgehensweise analysiert und festgelegt. Für die Planungstiefe gilt generell nur so viel wie nötig, um einen zu hohen Kontroll- und Anpassungsaufwand zu vermeiden und die Flexibilität zu wahren. Gerade am Anfang eines Projekts ist es oft nicht möglich die darauf folgenden Phasen bis ins Detail zu planen. Die Unsicherheit der Planungswerte nimmt überproportional zu, je weiter der Realisierungszeitpunkt vom Planungszeitpunkt entfernt ist. Die Ergebnisse einer Phase bedingen die Eingangsgrößen und somit den Verlauf der nächsten Phase wesentlich. Folglich sollte nach Abschluss einer Phase zwar die direkt daran anschließende Phase im Detail geplant, der restliche Projektablauf jedoch zunächst nur grob festgelegt werden. Ziel der Planungsprozesse ist es, den Projektauftrag in Arbeitspakete umzuformulieren, die eine zielgerichtete Umsetzung der zu erledigenden Arbeiten ermöglichen. Hierdurch entsteht ein konkretes Vorgehensmodell. Das zugrunde liegende System wird so detailliert beschrieben und die Ziele und Teilziele des Projekts werden festgelegt.[114]

Die Planung umfasst folglich die Hauptaufgabenfelder:

- Planung und Definition des Projektumfangs,
- Definition von Aktivitäten,
- Planung der sequentiellen Durchführung von Aktivitäten,
- Schätzung der Dauer einzelner Aktivitäten,
- Entwicklung von Zeitplänen (Netzplantechnik),
- Planung der Ressourcen,
- Schätzung von Kosten, Kostenzuweisung und Entwicklung eines allgemeinen Projektplans (Dokument).[115]

Zusätzlich sollten beim Planungsprozess die Aufgabenfelder Qualitätsplanung, organisatorische Planung, Akquisition von Mitarbeitern, Planung der Kommuni-

---

[113] Motzel, E. (2006), S. 140.

[114] Vgl. Pfetzing, K./Rohde, A. (2006), S. 159ff.

[115] Vgl. PMI (2004), S. 41.

kation, Identifizierung von Risiken, Quantifizierung von Risiken, Entwicklung von Vorgangsplänen bei Risiko, Planung der Beschaffung und Planung der Angebotsermittlung Beachtung finden.[116]

Zunächst erfolgen eine grobe Planung von Phasen, Meilensteinen, Projekt-budget sowie eine Spezifizierung von Projektgegenstand, Projektziel und Projektergebnis. Erst nachdem die grobe Struktur und der Ablauf des Projekts mit all seinen Einflussfaktoren feststehen, kann eine detaillierte Planung erfolgen. In Abb. 20 sind die einzelnen Stufen der Projektplanung veran-schaulicht.[117]

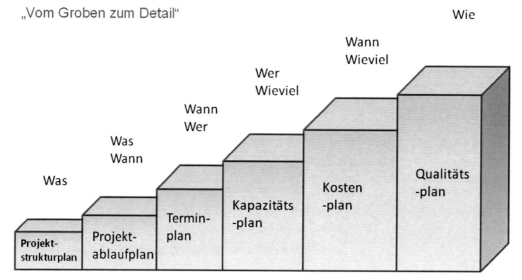

Abb. 20: Stufen der operativen Projektplanung (Quelle: Boy, J./Dudek, C./Kuschel, S. (2006), S. 71).

Generell gilt für die Planungsprozesse, dass sie einen Großteil der Projektarbeit für sich beanspruchen. Die spätere Durchführung, das Controlling und der Projektabschluss beziehen sich auf die Plandaten. Eine gewissenhafte und gute Planung trägt maßgeblich zum Projekterfolg bei.

3.3.2.1 Die Projektstrukturplanung

Hierbei wird das Projekt bis ins kleinste Arbeitspaket hinsichtlich des gewünsch-ten Arbeitspaketergebnisses, der voraussichtlichen Zeitdauer, der einzelnen Termine, dem anteiligen Aufwand, der benötigten Ressourcen, den genauen Zuständigkeiten sowie Kosten geplant.

---

[116] Vgl. PMI (2004), S. 48-55.

[117] Vgl. u.a. Boy, J./Dudek, C./Kuschel, S. (2006), S. 71; Kupper, H. (2001), S. 65.

Oft ist eine detaillierte Planung direkt zu Beginn nicht möglich bzw. nicht sinnvoll, da im Projektablauf Korrekturen vorgenommen werden müssen. Die sogenannte *rollierende Planung* bestimmt deshalb detaillierte Parameter immer nur für einen begrenzten und überschaubaren Zeitraum, d.h. die Detailplanung erfolgt während der Projektdurchführung.[118]

Das Projekt wird zunächst in Teilprojekte bzw. wenn notwendig in Unterprojekte und zum Schluss in die kleinste Kategorie, die Arbeitspakte, aufgegliedert (Abb. 21).

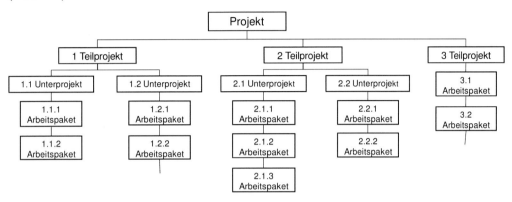

Abb. 21: Skizze eines Projektstrukturplans (Quelle: Eigene Darstellung).

Die kleinste Ebene der Struktur bilden die Arbeitspakete. Sie sind nicht mehr sinnvoll unterteilbar und benötigen zwingend einen Verantwortlichen für die Durchführung.

- Die Arbeitspakete können als interne Aufträge betrachtet werden, die vom Projektleiter an Mitarbeiter der Linie (Fachbereiche) übergeben werden.

- Der Projektstrukturplan kann funktionsorientiert oder objekt- bzw. erzeugnisorientiert aufgestellt werden.

Die Arbeitspakete werden schließlich in einzelne durchzuführende Arbeitsschritte, die als Vorgänge bezeichnet werden, gegliedert. Hieraus entsteht ein Prozessplan, d.h. eine zeitlich sinnvolle Abfolge der verschiedenen Tätigkeiten zur Erfüllung eines Arbeitspakets.

Vor der konkreten Strukturierung und Hierarchisierung der einzelnen Elemente in einem Projektstrukturplan, ist es oft hilfreich zunächst eine Sammlung der potenziellen Teilprojekte bzw. Unterprojekte und Arbeitspakete anzufertigen. Die Erstellung sogenannter MindMaps hilft bei der Entwicklung und Vermittlung von Ideen und visualisiert einfache Strukturen. Anhand eines MindManagers kann die Darstellung elektronisch unterstützt werden (Abb. 22).

---

[118] Vgl. u.a. Meier, R. (2006), S. 40; Pfetzing, K./Rohde, A. (2009), S.171.

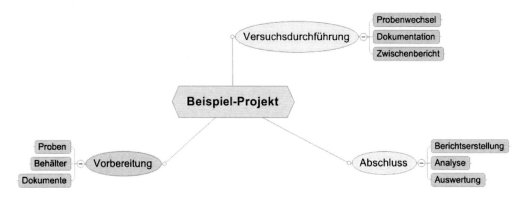

Abb. 22: MindMap des Beispiel-Projekts (Quelle: Eigene Darstellung).

Im Anschluss daran erfolgt dann die konkrete Strukturierung und Hierarchisierung. Ein Projektstrukturplan (PSP) kann z.B. mit PowerPoint erstellt werden. Anhand der Funktion *Grafik* und der auszuwählenden Variante *Organigramm* können einfache und übersichtliche *Struktogramme* erstellt werden (Abb. 23).

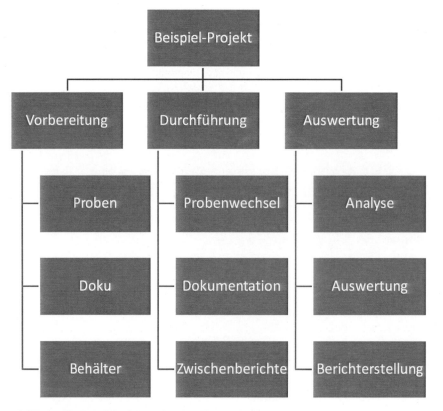

Abb. 23: PSP des Beispiel-Projekts (Quelle: Eigene Darstellung).

3.3.2.2 Schnittstellenanalyse

Die Schnittstellenanalyse dient der Ermittlung von Arbeitspaketen eines Projekts, die zu Konflikten mit den Routinetätigkeiten der Linie führen können. Die frühzeitige Offenlegung solcher Schnittstellen zwischen Projektarbeit und

Routinetätigkeiten erleichtert die Planung, Koordination und Steuerung der anfallenden Tätigkeiten sowohl für das Projekt als auch für die Linie. Die Arbeitspakete werden in den Zeilen des in Abb. 24 dargestellten Dokuments abgetragen. Die Spalten enthalten die wichtigsten Linienbereiche der Organisation. Durch Kreuze werden die Schnittstellen zwischen den Arbeitspaketen und den betroffenen Bereichen gekennzeichnet.[119]

Auf Basis der Arbeitspakete und der, im Rahmen der Zeitplanung vorzunehmenden, Terminierung der Tätigkeiten wird offensichtlich, zu welchem Zeitpunkt im Projekt welche Linienbereiche in das Projekt eingebunden werden. Die sich ergebenden Überschneidungen müssen den jeweiligen Linien zeitnah mitgeteilt werden, so dass diese die entsprechenden Ressourcen zur gegeben Zeit bereitstellen können.

Wirkung auf ↗ / Arbeitspakete	Kompetenzfelder in X (hier z.B. O)				Andere Bereiche								
	Korrosion	Tribologie	Funktionelle Oberflächentechnik	Schweißtechnik	B	K	F	W	S	H	Mechan. Werkstatt	Elektrowerkstatt	Betriebstechnische Gruppe
1.1				...									
1.2				...									
...				...									
2.1				...									
2.2	...												
...													
3.1													
3.2													
...													

Abb. 24: Dokument zur Schnittstellenanalyse (Quelle: Eigene Darstellung in Anlehnung an Stöger, R. (2007), S. 83).

---

[119] Vgl. Stöger, R. (2007), S. 82.

3.3.2.3 Projektablaufplanung und Terminplanung

Die Projektablaufplanung und Terminierung umfasst die Erstellung von Balkendiagrammen, Netzplänen sowie die Bestimmung von Meilensteinen. Diese Darstellungsformen der Projektablaufplanung unterscheiden sich hinsichtlich ihres Informationsgehalts und der Funktionalität für die Projektplanung und – steuerung. Sie ergänzen sich gegenseitig und sollten je nach Projektart und – umfang vollständig oder teilweise erstellt werden.

Nach der Strukturierung sollte ein realistischer Zeitablauf geplant werden. Das gesamte Projekt sowie die Hauptphasen, Meilensteine und Arbeitspakete müssen mit Start- und Endterminen versehen werden. Hierzu werden Vorgänge und Ereignisse bestimmt, die eine definierte Zeit in Anspruch nehmen und in einer bestimmten Beziehung zu anderen Vorgängen und Ereignissen stehen, d.h. ein Arbeitspaket muss nicht zwingend einem Vorgang entsprechen. Sind einzelnen Vorgänge zur Erfüllung eines Arbeitspakets notwendig und verbrauchen Zeit, so stellen diese eigene Positionen in der Ablaufplanung dar. Die Abhängigkeiten der Vorgänge untereinander, Zeitpuffer, Verfügbarkeit der Ressourcen und Finanzmittel sowie spezifizierte Randbedingungen beeinflussen den Ablaufplan und die Terminierung maßgeblich.

Aktivität	Beginn	Dauer	Ende	Vorgänger
1.				
1.1				
1.2				
1.3				
...				
2.				
2.1				
2.2				
2.3				
...				
3.				
3.1				
3.2				
3.3				
...				

Abb. 25: Planung der Aktivitäten und Vorgänge (Quelle: Eigene Darstellung in Anlehnung an Meier, R. (2006), S. 45).

Die Dauer der einzelnen Arbeitspakete kann zunächst grob geschätzt werden. Dies geschieht unter Zuhilfenahme von Vergleichswerten aus früheren Projekten oder Projektphasen, anhand von Expertenbefragung oder einer Schätzung basierend auf der Formel:

$$\text{Schätzwert} = \frac{\text{optimistischer Wert} + \text{wahrscheinlicher Wert} + \text{pessimistischer Wert}}{3}$$

Auf Basis der einzelnen Arbeitspakete bzw. Vorgänge kann ein Balkenplan erstellt werden, der die Aufgaben logisch und zeitlich korrekt wiedergibt. Die Namen der Arbeitspakete/Vorgänge werden in den Zeilen abgetragen. Die Spalten enthalten das zeitliche Raster, das je nach Länge und Umfang des Projekts in Tagen, Wochen oder Monaten angegeben wird.[120]

Mit Hilfe von MS-Excel und MS-Word können die Strukturen hinterlegt und einfache Balkenpläne erstellt werden. Für aufwendigere Projekte bietet sich die Verwendung von MS-Project an.

Das in

Abb. 26 dargestellte Balkendiagramm zeigt die Planung des Beispiel-Projekts. Mit MS-Project lässt sich ein verknüpftes Balkendiagramm erstellen, so dass die Abhängigkeiten zwischen den einzelnen Vorgängen erkennbar sind.

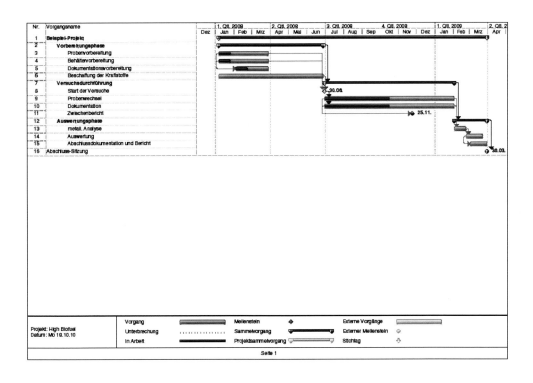

Abb. 26: MS-Project Balkendiagram des Beispiel-Projekts (Quelle: Eigene Darstellung).

---

[120] Vgl. u.a. Stöger, R. (2007), S. 95.

Im Netzplan tauchen die Abhängigkeiten einzelner Vorgänge untereinander in Form von Anordnungsbeziehungen auf. Es lassen sich die folgenden Fälle unterscheiden:

- Normalfolge: der Vorgang muss beendet sein bevor der Nachfolger beginnen kann.

- Anfangsfolge: mit Beginn eines Vorgangs steht der Beginn des Nachfolgers fest.

- Endfolge: mit Beendigung des Vorgängers steht das Ende des Nachfolgers fest.

- Sprungfolge: mit dem Beginn eines Vorgangs steht der Endtermin des Nachfolgers fest.

Der Netzplan stellt alle Vorgänge und ihre Abhängigkeiten in Normalfolge auf. Werden andere Anordnungsbeziehungen definiert, müssen diese zunächst in eine Normalfolge umgerechnet werden. Zudem können Mindestabstände bestimmt sein, mit denen ein Vorgang in Abhängigkeit zu seinem Vorgänger begonnen bzw. beendet werden muss.

Im Netzplan des Beispiel-Projekts (Abb. 27) sind die umgerechneten Anordnungsbeziehungen und Mindestabstände rot dargestellt.

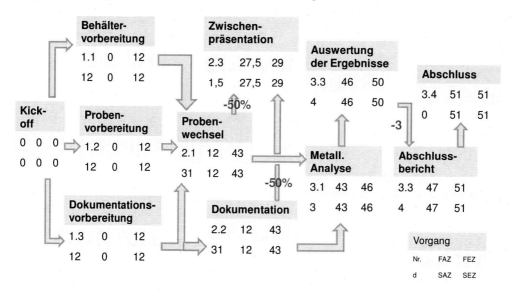

Abb. 27: Netzplan des Beispiel-Projekts (Quelle: Eigene Darstellung).

Dem Netzplan ist zu entnehmen, dass der Vorgang *Zwischenpräsentation* bereits begonnen werden soll, wenn 50% des Vorgangs *Probenwechsel* und 50% des Vorgangs *Dokumentation* erledigt sind, d.h. es wurde eine Anfangsfolge von 50% definiert. Gleiches gilt für die Beziehung zwischen dem Vorgang *Dokumentation* und *Zwischenpräsentation*. Nach der Umrechnung in eine

Normalfolge muss für die Berechnung des Starttermins *Zwischenpräsentation* 50% der Vorgangsdauer *Probenwechsel* bzw. *Dokumentation* abgezogen werden. Ebenso kann die Anfertigung des *Abschlussberichts* bereits eine Woche nach Beginn der *Ergebnisauswertung* begonnen werden. Die Umrechnung der Anordnungsbeziehung *Auswertung der Ergebnisse* und *Abschlussbericht* berechnet sich zu -3, so dass für die Ermittlung des Starttermins *Abschlussbericht* drei Wochen vom Endtermin *Auswertung der Ergebnisse* abgezogen werden.[121]

Die Darstellung in Balkendiagrammen ist wesentlich einfacher als die langwierige Erarbeitung von Netzplänen. Für kleinere Projekte mit wenigen und übersichtlichen Abhängigkeiten zwischen den einzelnen Vorgängen ist diese Darstellung ausreichend. In Abb. 28 sind die Vor- und Nachteile eines Balkendiagramms im Vergleich zum Netzplan gegenübergestellt.

Balkenplan

Pro:
- Einfache Darstellung
- Graphisch anschaulich
- Ausreichend bei kleinen übersichtlichen Strukturen
- Leichte Anpassung bei rollierender Planung

Contra:
- Bei zunehmender Projektgröße unübersichtlich
- Keine Algorithmen zur Berechnung von Pufferzeiten

Netzplan

Pro:
- Vollständige und konsistente Beschreibung des Projektgeschehens
- Transparente Darstellung des Projektverlaufs
- Erkennung von Engpässen hinsichtlich Kosten, Terminen, Kapazitäten

Contra:
- Aufwendigere Erstellung/Anpassung
- Bei rollierender Planung zu detailliert

Abb. 28: Vor- und Nachteile des Balken- und Netzplans (Quelle: Eigene Darstellung).

Zusätzlich zum Balkendiagramm bzw. Netzplan sollte ein Meilensteinplan erstellt werden. Meilensteine sind Ereignisse an denen bestimmte Ergebnisse (deliverables) vorliegen müssen. Beispiele für Meilensteine sind der Projektstart, die fertige Bedarfsanalyse, der fertige Entwurf, der fertige Prototyp sowie der Produktionsstart. Sie sind wichtig für Gewährleistung der Kontrollfähigkeit der Planung durch die Unternehmens- und Projektleitung. Durch die Festlegung von Meilensteinen wird ein Realitätsbezug gegenüber abstrakter Planung von Vorgängen oder Ereignissen geschaffen. Erfolgreich abgeschlossene Meilensteine bedeuten den Start des nächsten Projektabschnitts und somit die

---

[121] Vgl. hierzu auch die Formelsammlung Netzplantechnik im Anhang.

Fortführung des Projekts. Werden Meilensteine nicht zum gesetzten Zeitpunkt erreicht, führt dies hingegen zu Verzögerungen des Projektfortschritts.

Abb. 29 zeigt den Meilensteinplan des Beispiel-Projekts. Die gestrichelte Linie am Ende der Projektphasen kennzeichnet den Meilenstein. Mit Hilfe von Symbolen und Farben können diese im Projektfortschritt als *erreicht*, *teilweise erreicht* und *nicht erreicht* gekennzeichnet werden. Im Beispiel bedeuten die grünen Pluszeichen, dass eine Phase erfolgreich abgeschlossen wurde und der gesetzte Meilenstein abgehakt ist. Das gelbe Minuszeichen zeigt an, dass sich das Projekt aktuell in dieser Phase befindet, aber der Meilenstein noch nicht erreicht ist. Das rote Kreuz bedeutet, dass diese Phase noch nicht begonnen hat und der Meilenstein nicht erreicht ist.

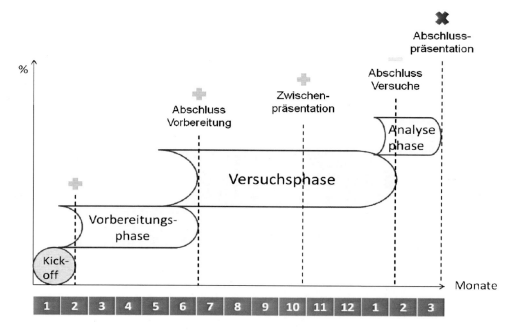

Abb. 29: Meilensteinplan des Beispiel-Projekts (Quelle: Eigene Darstellung").

3.3.2.4 Ressourcenplanung und Kapazitätsplanung

Die Planung der Ressourcen ist die Grundlage für die Kapazitäts- und Kostenplanung. Anhand der Identifikation der für die Projektdurchführung benötigten Ressourcen kann bereits eine grobe Budgetplanung erfolgen. Der Ressourcenplan plant, kontrolliert und steuert den Mitteleinsatz für ein Projekt (Abb. 30). Typische Ressourcen sind Personal (Zeit x Mitarbeiter), Finanzmittel, Material (Geräte, Lagerflächen, Mobilien, Immobilien, etc.), Fremdleistungen (Beratung, Fertigung), Projektnebenkosten (Büro-/Infrastrukturmaterialien, Telefon, etc.) und Reisekosten.[122]

---

[122] Vgl. Stöger, R. (2007), S. 101.

	Soll-/Ist-Vergleich		Abweichung	Beurteilung
	Plan	Ist		
Personal				
Material				
Fremdleistungen				
Projektnebenkosten				
Reisekosten				
Gesamt				

Abb. 30: Ressourcenplan (Quelle: Eigene Darstellung in Anlehnung an Stöger, R. (2007), S. 103).

Es bietet sich zudem an, die Erfassung des benötigten Personals auf Basis der ermittelten Arbeitspakte durchzuführen. Das Mengengerüst der Personalplanung ist eine mögliche Visualisierungsform für den Personalbedarf des Projekts (Abb. 31).

Arbeitspaket / Person	MA 1	MA 2	MA 3	...	...	Summe
1.						
1.1	x	x	x			3
1.2	x	x	x			3
1.3	x		x			2
...						
2.						
2.1		x	x			2
2.2		x				1
2.3	x					1
...						
3.						
3.1		x	x			2
3.2	x					1
3.3	x					1
...	x					1
Summe	7	4	6			17

Abb. 31: Mengengerüst der Personalplanung (Quelle: Eigene Darstellung in Anlehnung an Stöger, R. (2007), S. 107).

Hierdurch ergibt sich die Möglichkeit zu einer weiteren Darstellungsweise für die Projektplanung in Form eines stellen- bzw. personenbezogenen Balkenplans. Die am Projekt beteiligten Mitarbeiter werden untereinander abgetragen und die Arbeitspakete, ihrer Dauer entsprechend entlang der Zeitachse aufgetragen (Abb. 32). Diese Darstellungsform erleichtert es zu erkennen, welche Aufgaben von welchen Mitarbeitern durchgeführt werden.[123]

	KW 1	KW 2	KW 3	KW 4	KW 5	KW 6	KW 7	KW 8	KW 9
MA 1						AP 3.2 AP 3.3 AP 3.4	AP 3.2 AP 3.3 AP 3.4	AP 3.2 AP 3.3 AP 3.4	AP 3.2 AP 3.3 AP 3.4
MA 2	AP 2.1	AP 2.1	AP 2.1	AP 2.1	AP 2.1	AP 2.1			
MA 3	AP 2.2	AP 2.2	AP 2.2	AP 2.2	AP 2.2	AP 2.2			

Abb. 32: Beispiel eines personen- bzw. stellenbezogenen Balkendiagramms (Quelle: Eigene Darstellung).

Anknüpfend an die Bestimmung der benötigten Ressourcen für jedes Arbeitspaket kann die Kapazitätsplanung vorgenommen werden. Die Kapazität beschreibt das Leistungsvermögen einer Ressource. Zur Beseitigung von Ressourcenengpässen stehen die Mittel der

1. Variation der Zeitplanung sowie die

2. Nutzung von Alternativen: Neuanschaffung/ Subcontracting von Ressourcen zur Verfügung.

Aus dem Projektablaufplan (Start- und Fertigungszeiten) und dem Kapazitätsbedarf der Vorgänge erhält man den Kapazitätsbedarf des Projekts. Die pro Periode (t) benötigte Kapazität (k) einer bestimmten Ressource (r) lässt sich anhand der Akkumulation des Kapazitätsbedarfs dieser Ressource in den verschiedenen Vorgängen (i), die in Periode (t) umgesetzt werden müssen, berechnen.[124]

A_i: Arbeitsvolumen

p_i: Vorgangsdauer

k_i: Kapazität

$$A_i = p_i \cdot k_i$$

Für eine allgemeine Orientierung zeigt das folgende Diagramm die sich im Projektfortschritt verändernden Kapazitätsverläufe der verschiedenen Ressourcen (Abb. 33).

---

[123] Vgl. Landau, K./Hellwig, R. (2005), S. 136.
[124] Vgl. Pfnür, A. (2003), S. 31.

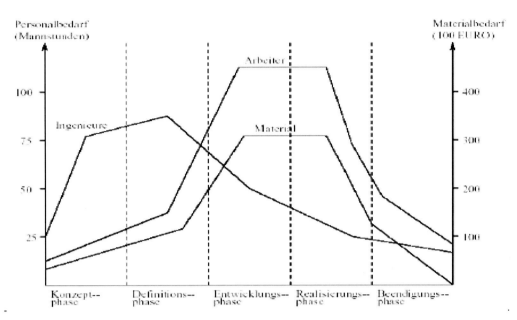

Abb. 33: Kapazitätsbedarf in den verschiedenen Projektphasen (Quelle: Shtub, A./Bard, J./Globerson, S. (1994), S. 406).

Mit Hilfe einer Excel-Tabelle kann die Kapazitätsplanung einer Ressource über den Zeitverlauf dargestellt werden (Abb. 34). Für das Beispiel-Projekt ist die benötigte Kapazität eines Technikers (in Arbeitsstunden pro Woche) über der Zeitachse (in Kalenderwochen) abgetragen. Die verschiedenen Arbeitspakete, die dem Techniker im Rahmen des Projekts zugeteilt wurden, sind durch die farbigen Kästchen symbolisiert.

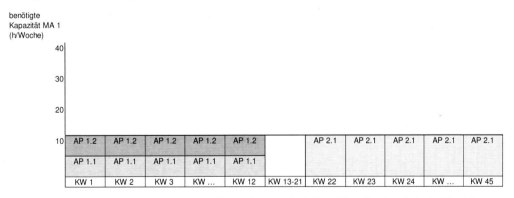

Abb. 34: Ausschnitt aus dem benötigten Kapazitätsbedarf des MA 1 für das Beispiel-Projekt (Quelle: Eigene Darstellung).

Abb. 35 zeigt den Kapazitätsbedarf der gesamten Personalplanung des Beispiel-Projekts (in Arbeitsstunden pro Woche) aufgetragen über die Gesamtdauer des Projekts (in Kalenderwochen).

61

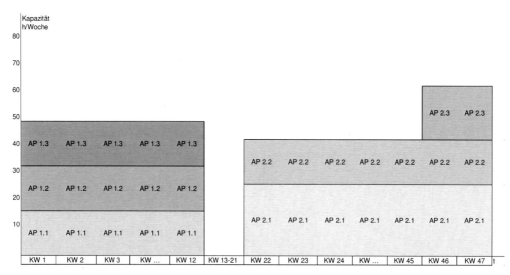

Abb. 35: Ausschnitt aus dem Gesamt-Kapazitätsbedarf des Beispiel-Projekts (Quelle: Eigene Darstellung).

Durch die Variation der Startzeiten von Vorgängen, unter der Annahme konstanter Vorgangsdauer wird der Kapazitätsbedarf je Periode variiert. Falls die Kapazitätsnachfrage das Kapazitätsangebot übersteigt, bestehen die folgenden Anpassungsmöglichkeiten:

- Änderung der Vorgangsstartzeiten,

- Änderung der Vorgangsdauer (diskrete oder kontinuierliche Vorgangs-dauer- Kapazitätsbedarf-Funktion: ´Time-Ressource-Tradeoff´),

- Vorgangsdauerbrechung bzw. -teilung (Achtung: Auswirkung auf Lernkurve),

- Modifikation des Projektnetzwerks (Änderung der Anordnungsbeziehungs-typen, Änderung der Anordnungsbeziehungen),

- Änderung der Ressourcennachfrage (Wahl einer anderen Ressource: ´Resource-Resource-Tradeoff´).[125]

Bei der Ergreifung der vorangestellten Maßnahmen zur Kapazitätsanpassung sollten die folgenden Beziehungen zwischen der Projektdauer, dem Kapazitäts-bedarf und der Pufferzeit eines Projekts beachtet werden:

Projektdauer - Kapazitätsbedarf:

Eine Verkürzung der Projektdauer führt zu einem höheren maximalen Kapazi-tätsbedarf. Ein niedriger Kapazitätsbedarf und eine kurze Projektdauer sind folglich konkurrierende Ziele.

---

[125] Vgl. hierzu ausführlich Pfnür, A. (2003), S. 80ff.

Kapazitätsbedarf - Pufferzeit:

Bei konstanter Projektdauer führt eine schrittweise Verringerung des maximalen Kapazitätsbedarfs zu einer Reduzierung der Pufferzeiten. Ein niedriger Kapazitätsbedarf und ein geringes Risiko sind somit konkurrierende Ziel.

Projektdauer - Pufferzeit:

Bei einem konstanten maximalen Kapazitätsbedarf führt eine Verkürzung der Projektdauer zu einer Reduzierung der Pufferzeiten. Eine kurze Projektdauer und ein geringes Risiko sind also konkurrierende Ziele.[126]

3.3.2.5 Aufwands- und Kostenschätzung

Nachdem die benötigten Ressourcen für das Projekt ermittelt sind und die Kapazitätsplanung erfolgt ist, kann im nächsten Schritt die Kalkulation der Kosten vorgenommen werden. Prinzipiell lassen sich die in Tab. 2 dargestellten Methoden der Aufwandsschätzung unterscheiden.

Algorithmische Methoden • Parametrische Methoden • Faktoren- bzw. Gewichtungsmethoden	**Vergleichsmethoden** • Analogiemethoden • Relationsmethoden
Kennzahlenmethoden • Multiplikatormethoden • Produktivitätsmethoden • Prozentsatzmethoden	**Detaillierte Schätzung** • Auf Basis von Arbeitspaketen

Tab. 2: Methoden zur Aufwandsschätzung (Quelle: Eigene Darstellung in Anlehnung an Pfnür, A. (2006), Folie 75).

Für eine gut strukturierte und übersichtliche Aufwandsschätzung bietet sich die detaillierte Schätzung auf Basis von Arbeitspaketen an. Sie ist jedoch nur sinnvoll, wenn die Anzahl der Arbeitspakete relativ gering ist.

---

[126] Vgl. Pfnür, A. (2003), S. 82-83.

Vorgangsnummer	Aufgabe/Aktivität	Ressourcenkosten (€)
1		
1.1		
1.2		
...		
2		
2.1		
...		

Abb. 36: Aufwandsschätzung auf Basis von Arbeitspaketen (Quelle: Eigene Darstellung in Anlehnung an Meier, R. (2006), S. 50).

Die detaillierte Kostenplanung auf Basis der Zeitplanung unterscheidet zwischen

- fixen Kosten für das gesamte Projekt,

- fixe Kosten je Vorgang und

- variable Kosten für die Dauer des Ressourceneinsatzes.

Anhand der vorgangsabhängigen Kosten betrachtet über den Projektverlauf lassen sich die periodenbezogenen Kosten ermitteln. Zusammen mit den vorgangsunabhängigen Kosten ergeben sich die periodenbezogenen Gesamtkosten des Projekts. Je Periode sind diese mit dem Periodenbudget abzugleichen. Bei Budgetüberschreitung durch die periodenbezogenen Gesamtkosten muss der Projektablauf durch Allokation von Pufferzeiten modifiziert werden. Es kommt zu Änderungen der geplanten Start- und Endzeiten einzelner Vorgänge. Die Interdependenz zwischen Kostenziel und Zeitziel wird offensichtlich.[127]

3.3.3 Ausführungs- und Controlling-Prozesse

Die Ausführungsprozesse beziehen sich direkt auf die Planungsprozesse. Sie umfassen die Ausführung des Projektplans, die Verifizierung des geplanten Umfangs, die Qualitätssicherung, die Teamentwicklung, den Informationsaustausch, die Beschaffung, die Auswahl von Beschaffungsquellen sowie die Vertragsabwicklung.[128]

---

[127] Vgl. hierzu ausführlich Pfnür, A. (2003), S. 58ff.
[128] Vgl. PMI (2004), S. 56-58.

Die Controlling-Prozesse befassen sich mit der Aufgabe, aktuelle Planabweichungen zu identifizieren und entsprechende Maßnahmen zur Anpassung durchzuführen. Hierfür werden die relevanten Planungsprozesse wiederholt durchgeführt. Ebenso ist es Aufgabe des Controllings Präventivmaßnahmen bei sich abzeichnenden Problemen einzuleiten. Die verschiedenen Prozesse beinhalten eine umfassende Änderungssteuerung, die Kontrolle von Umfangsveränderungen, die Kontrolle der Zeitpläne, die Kostenkontrolle, die Qualitätskontrolle, die Leistungserfassung und das Controlling der Vorgangspläne bei Risiko.[129]

Voraussetzung für die Projektsteuerung ist ein gutes Berichtswesen. Der Aufwand des Projekt-Controllings sollte in Relation zum Nutzen stehen. Auf quantitativer Ebene dient die Projektsteuerung dazu, dass Personal und Sachmittel richtig eingesetzt und Termine eingehalten werden. Auf qualitativer Ebene soll sie für gute Arbeit und somit gute Ergebnisse sorgen. Wichtig ist die regelmäßige und konsequente Projektsteuerung über den gesamten Projektlebenszyklus hinweg. Hierzu gehören die Schritte:

- Überprüfung des Projektfortschritts,

- Analyse der Abweichungen,

- Planung von Maßnahmen,

- ggf. Information des Auftraggebers,

- Durchführung der Maßnahmen und

- Kontrolle des Erfolgs.[130]

Der Regelkreis der Projektüberwachung (Abb. 37) veranschaulicht die Abfolge der Controlling-Prozesse im Projektverlauf. Grundlage für das Controlling ist die Auftragsbasis sowie die gesamte Planung des Projekts. Nach der Freigabe für ein Arbeitspaket, kann die erbrachte Leistung anhand von Statusermittlungen gemessen werden. Auf Basis der ermittelten Daten erfolgen eine Abweichungsanalyse und die Bestimmung von Korrekturmaßnahmen. Nach Absprache der vorgeschlagenen Änderungsmaßnahmen mit dem höheren Management erfolgt letztendlich die Anpassung der Auftragsbasis bzw. der Planungsdokumente.

---

[129] Vgl. PMI (2004), S. 61-63.
[130] Vgl. u.a. Meier, R. (2006), S. 52-53.

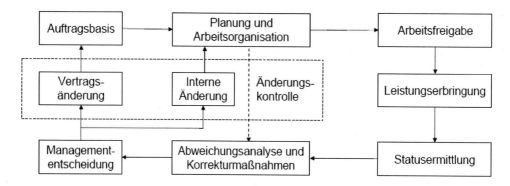

Abb. 37: Regelkreis der Projektüberwachung (Quelle: Madauss, B.J. (2000), S. 233).

Im Rahmen der Projektkontrolle bietet es sich an bereits zum Projektstart einen Sitzungskalender festzulegen, der die Kommunikation und den Informationsaustausch während des gesamten Projektlebenszyklus nach „oben" (höheres Management) und nach „unten" (Projektteam) sichert.

Sitzung	Termin/Dauer	Tagesordnung	Teilnehmer	Protokoll
Steuerungs-ausschuss				
Projektleitung				
Team-Meetings				

Abb. 38: Beispiel Sitzungskalender (Quelle: Eigene Darstellung in Anlehnung an Stöger, R. (2007), S. 137).

Das Anpassen von Planungsunterlagen an die veränderten Gegebenheiten ist der wichtigste Schritt der Projektsteuerung. Die einzelnen zu kontrollierenden Ziele sind in Zeit-, Kosten- und Leistungsziele zu unterschieden.[131]

Die Kontrolle der gesetzten Projekttermine erfolgt auf Basis der Balken-, Meilenstein- und Netzpläne aus den Planungsprozessen. Durch fortlaufende Ist-Aufnahme und dem Abgleich mit den Plandaten können Abweichungen festgestellt und entsprechende Maßnahmen zur Anpassung vorgenommen werden. Abb. 39 zeigt eine mögliche Methode der Zeitkontrolle auf Basis der einzelnen, zu verrichtenden Arbeitspakete. Der Ist-Fortschritt (Heute) eines Arbeitspakets wird mit den gesetzten Terminen aus der Planung abgeglichen.

---

[131] Vgl. Abb. 1.

Entsprechen die Ist-Werte den Plan-Werten können gesetzte Meilensteine eingehalten werden. Liegt das Arbeitspaket in seiner Umsetzung zeitlich zurück, so müssen geplante Meilensteine zeitlich verschoben werden und es kommt zu Verzögerungen.

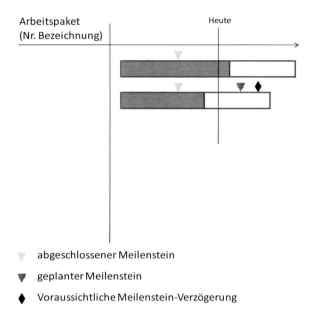

Abb. 39: Beispiel Zeitkontrolle (Quelle: Eigene Darstellung in Anlehnung an Madauss, B.J. (2000), S. 231).

Die Kostenkontrolle erfolgt anhand eines Plan-/Ist-Abgleich der geplanten Kosten. Dieser kann für die einzelnen Kostenarten vorgenommen und entsprechende Abweichungen ermittelt werden. Auf Basis einer Abweichungsanalyse können dann angemessene Maßnahmen zur Regulierung der Projektkosten vorgenommen werden. Die Kostenkontrolle kann zudem nach Projektphasen gegliedert erfolgen.

Projekt- phasen	Ressource/ Kostenart	Plan- kosten (in €)	Ist- kosten (in €)	Kostenab- weichung (in €)	Maßnahmen
1. Phase	Personal				
	Material				
	Fremdleistungen				
	Projektneben- kosten				
	Investitionen				
2. Phase	Personal				
	Material				
	Fremdleistungen				
	Projektneben- kosten				
	Investitionen				
3. Phase	Personal				
	Material				
	Fremdleistungen				
	Projektneben- kosten				
	Investitionen				

Abb. 40: Beispiel Kostenkontrolle (Quelle: Eigene Darstellung in Anlehnung an Stöger, R. (2007), S.103).

Die Leistungskontrolle erfolgt anhand der vertraglichen Forderungen und projektkritischen Daten. Der prozentuale Anteil fertiger Arbeitspakete sowie die Messung des prozentual erbrachten Outputs zu einem bestimmten Stichtag sind gängige Messgrößen für die bereits erbrachte Leistung.[132]

Für alle drei Projektziele müssen die Plandaten an die sich einstellenden veränderten Bedingungen angepasst werden. Tab. 3 fasst die einzelnen Kontrollziele entsprechend der Eingangswerte, der anzuwendenden Metho- den und der zu ergreifenden Maßnahmen zusammen.

---

[132] Vgl. Pfnür, A. (2006), Folie 240.

	Zeitkontrolle	Kostenkontrolle	Leistungskontrolle
Eingangs-werte:	• Balkenpläne • Netzpläne und Pufferzeiten • Meilensteinpläne	• Plankosten	• Vertragliche Forderungen • Messgrößen bei Prämienverträgen • Projektkritische Daten • Prozentualer Anteil fertig gestellter Arbeitspakete • Prozentualer Anteil erbrachten Outputs (Lines of Code, Stockwerke, laufende Meter etc.)

Methoden:	• Wiederholte Ist-Aufnahme, Abgleich mit den Plan-Werten
	• Ermittlung von Veränderung im Hinblick auf:
	  1. Kritische Pfade, ggf. Ausschöpfung von Pufferzeiten
	  2. Ressourcenauslastung
	• Regelmäßige Planungsreviews (z.B. alle 14 Tage, mindestens monatlich)
	• Strikte Verfolgung von Meilensteinen (Tracking)
	• Ergebnis: Statusübersicht
		• Soll-/Ist-Vergleiche für die Arbeitspakete auf Monatsbasis
		• Analyse der Abweichungsursachen
			• Soll-/Ist-Analyse
			• Analyse der Abweichungsursachen

Maßnahmen:	• Anpassung der Terminplanung • ggf. Aufstockung der Ressourcen/ bessere Ressourcenauslastung	• Einsparmaßnahmen • Budgetanpassung	• Aktualisierung der Inhalts- und Umfangsdokumente • Anpassung des Projektstrukturplans

Tab. 3: Eingangswerte, Methoden und Maßnahmen der Projektkontrolle (Quelle: Eigene Darstellung in Anlehnung an Pfnür, A. (2006), Folien 233-240).

Zudem sollte eine integrierte Projektkontrolle erfolgen, um die Gesamt-abweichung der Ist-Werte von den Plan- und Sollwerten zu ermitteln. Die Integrierte Projektkontrolle ist ein komplexes und aufwendiges Verfahren, dessen nähere Ausführung den Rahmen dieses Buches überschreiten würde. Aus diesem Grund wird an dieser Stelle auf die gängige Literatur zur integrier-ten Projektkontrolle verwiesen.[133]

Realisierungsgrad: $RG = \dfrac{x_i}{x_p}$ $RG = \dfrac{K_p - K_r}{K_p}$

Messgrößen	ΔL	ΔL (%)
Projekt vor Plan	> 0	> 0
Projekt nach Plan	< 0	< 0
Projekt im Plan	= 0	= 0

Gesamtabweichung: $\Delta G = K_i - K_p$

Leistungsabweichung: $\Delta L = K_s - K_p$ $\Delta L = p_p(x_i - x_p)$

Kostenabweichung: $\Delta K = K_i - K_s$ $\Delta K = p_i * x_i - p_p * x_i$

$\Delta K = (p_i - p_p) * x_i$

Messgrößen	ΔK	ΔK (%)
Kosten höher	> 0	> 0
Kosten geringer	< 0	< 0
Kosten identisch	= 0	= 0

Zeitabweichung: $\Delta T = T_i - T_p$

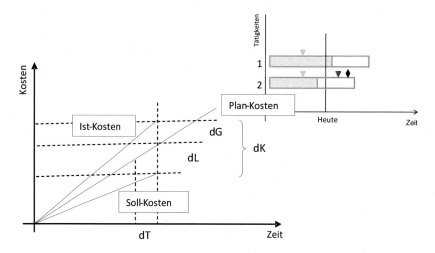

Abb. 41: Integrierte Projektkontrolle (Quelle: Eigene Darstellung in Anlehnung an Shtub, A./Bard, J./Globerson, S. (1994), S. 458ff).

---

[133] Vgl. Shtub, A./Bard, J./Globerson, S. (1994), S. 458ff.; hierzu auch Formelsammlung Inte-grierte Projektkontrolle im Anhang.

3.3.4 Abschlussprozesse und Wissensmanagement

Die Abschlussprozesse setzen sich aus dem administrativen Abschluss (Interner Projektabschluss) und dem vertraglichen Abschluss (Projektübergabe) zusammen. Die Notwendigkeit zur Durchführung einzelner Abschlussprozesse und ihre gegenseitige Abhängigkeit sind je nach Projekttyp und Unternehmen bzw. Branche verschieden.[134]

3.3.4.1 Interner Projektabschluss

Die Projektabschluss-Analyse dient der Reflexion und Kontrolle des Projektverlaufs und der erreichten Ziele. Sie fasst die wichtigsten Erfahrungen und Erkenntnisse bezüglich des gesamten Projektverlaufs zusammen und ist ein unterstützendes Instrument für nachfolgende, vergleichbare Projekte. Die folgenden Fragen sollten im Rahmen der Projektabschluss-Analyse beantwortet werden:[135]

- Wurden die gesetzten Ziele (Termine, Kosten, Leistungen) erreicht?
- Was sind die Gründe für verfehlte Ziele?
- Ist der Auftraggeber (extern/intern) mit dem Ergebnis zufrieden?
- Was sind die Gründe für Unzufriedenheit?
- Was ist im Projekt gut, was ist schlecht gelaufen?
- Wie war die Zusammenarbeit mit den anderen Fachbereichen und den externen Partnern?
- Was für Konsequenzen werden aus den gemachten Erfahrungen gezogen und wie werden diese dokumentiert? (Lessons Learned)
- Wie wird die allgemeine Zugänglichkeit gesichert?
- Wer muss noch in Bezug auf seine gemachten Erfahrungen befragt werden?
- Welche Arbeiten sind noch zu erledigen und wer übernimmt die Verantwortung hierfür?

Auf Basis dieser Fragestellungen sollte ein Projektabschlussbericht verfasst werden. Ein entsprechendes Dokument könnte wie in Abb. 42 dargestellt aussehen.

---

[134] Vgl. PMI (2004), S. 67.

[135] Vgl. u.a. Hansel, J./Lomnitz, G. (2003), S. 148; Patzak, G./Rattay, G. (2004), S. 385ff.; Pfetzing, K./Rohde, A. (2006), S 407ff.

Projektabschluss

Projektname	
Berichtverantwortlicher	
1. Gesamteindruck	
2. Reflexion der Zielerreichung	
3. Reflexion der genutzten Ressourcen	
4. Reflexion der Organisation, Spielregeln	
5. Lessons Learned für andere Projekte	
6. Projektübergabe (Datum und Ausblick)	
7. Dokumentation/Projekthandbuch (wo zu finden?)	
Verteilung der Abschlussdokumente an:	

Abb. 42: Dokumentenvorlage Projektabschlussbericht (Quelle: Eigene Darstellung in Anlehnung an Stöger, R. (2007), S. 149).

Projektauflösung

Zur Projektauflösung gehören:

- die organisatorisch Auflösung hinsichtlich Gremien, Projektleiter und Teams,

- die Durchführung einer Abschlusssitzung,

- das Feedback für die Mitarbeiter und Zuweisung zu neuen Aufgaben sowie

- die Ressourcenauflösung.

Zudem sollte neben der Projektabschlusssitzung das Projekt auch emotional in Form einer Projektabschlussfeier beendet werden. In Abb. 43 sind die einzelnen Schritte des internen Projektabschlusses nochmal zusammengefasst.

Analyse	Bericht	Auflösung
• Gesamteindruck • Reflexion der Zielerreichung • Reflexion des Ressourceneinsatzes • Reflexion der Organisation, Spielregeln • "lessons learned" für andere Projekte	• Dokumentation der wichtigsten Ergebnisse und Erkenntnisse	• Organisatorische Auflösung hinsichtlich Gremien, Projektleiter und Teams • Durchführung einer Abschlusssitzung • Feedback für die Mitarbeiter und Zuweisung zu neuen Aufgaben • Ressourcenauflösung

Abb. 43: Interner Projektabschluss (Quelle: Eigene Darstellung).

3.3.4.2 Projektübergabe

Neben dem internen Abschluss erfolgt zudem die Projektübergabe an den Auftraggeber. Je nach Projekttyp und Auftraggeber gehören hierzu

- die Übergabe der Projektergebnisse an den Auftraggeber und Erstellung eines Übergabeprotokolls,

- die Überprüfung der Projektergebnisse hinsichtlich der gestellten Anforderungen und

- ein Feedback durch die Auftraggeber.

Ein Projektübergabeprotokoll kann in der nachfolgenden Form erstellt werden (Abb. 44).

Projektübergabe

Projektname	
Übergabedatum	
Projektbeteiligte	
Projektziel	
Phasen und Meilensteine	
Übergabe von: • Aufgaben • Kompetenzen • Verantwortung	
Aktuelle Situation	

Abb. 44: Dokumentenvorlage Projektübergabeprotokoll (Quelle: Eigene Darstellung in Anlehnung an Stöger, R. (2007), S. 145).

3.3.4.3 Wissensmanagement

Der Projektabschluss eröffnet die Möglichkeit, die hier gemachten Erfahrungen zu sichern und für spätere, ähnliche bzw. vergleichbare Projektarbeiten im Unternehmen nutzen zu können. Im Rahmen eines nachhaltigen Wissensmanagements[136] sollte eine Dokumentation der

- allgemeinen Vorgehensweise,

- genutzten Methoden und Hilfsmittel für die Planung, Steuerung, Kommunikation und den Projekt-Abschluss und

- erarbeiteten Erfahrungswerte und Kennzahlen erfolgen.

Es ist sinnvoll diese Daten in einer hierfür vorgesehenen Datenbank abzulegen und die Zugänglichkeit der Daten sicherzustellen.

In Abb. 45 sind die relevanten Daten und Informationen, aufgeteilt nach den Projektphasen, in denen sie erstellt bzw. gewonnen werden, dargestellt.

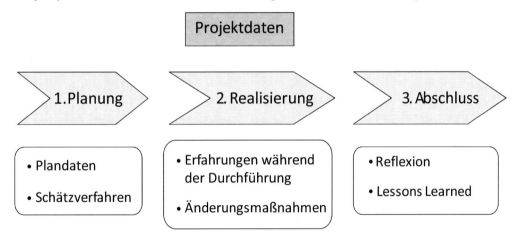

Abb. 45: Wissensmanagement beim Projektabschluss (Quelle: Eigene Darstellung).

Neben der Gewinnung von rein fachlichem und ablaufspezifischem Wissen werden zudem wichtige Erfahrungen im Zusammenhang mit Teamarbeit, Konfliktsituationen, Widerständen und Macht und Hierarchie gesammelt. Die Reflexion der persönlichen Erfahrungen in Form eines *Lessons Learned* bietet die Möglichkeit dieses Wissen festzuhalten und für zukünftige Projektarbeiten sicherzustellen.[137]

---

[136] Zum Thema Wissensmanagement in Projekten vgl. auch Kreitel, W.A. (2008).

[137] Vgl. Pfetzing, K./Rohde,, A. (2009), S. 430.

4 Einführung von PM-Standards im Kompetenzbereich Oberflächentechnik

4.1 Allgemeines Vorgehen

Das Pilotprojekt der *Einführung von Projektmanagement-Standards* wurde im Rahmen der Projektplanung zunächst in die drei Teilprojekte

1. Analyse,

2. Umsetzung PM und

3. PM-Software

eingeteilt. Zudem wurden Unterprojekte und einzelne Arbeitspakete definiert und darauf basierend ein Projektstrukturplan aufgestellt. Im Laufe des Projektfortschritts wurde der Projektstrukturplan gemäß sich ergebender Planänderungen immer wieder angepasst. Abb. 46 zeigt den vollständig angepassten Projektstrukturplan. Er visualisiert das gemeinsam mit dem Kompetenzbereich Oberflächentechnik erarbeitet Vorgehens-konzept für die Einführung von Projektmanagement-Standards in der MPA/IfW.

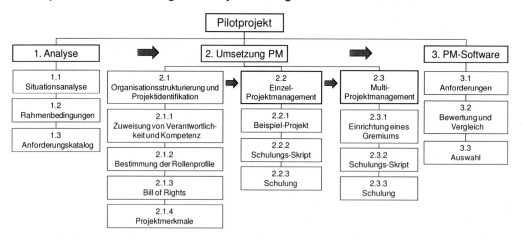

Abb. 46: PSP für das Einführungskonzept von Projektmanagement-Standards (Quelle: Eigene Darstellung).

Hintergrund für diese Strukturierung war, dass ein individuell zugeschnittenes Projekt-management zunächst eine ausführliche *Analyse* der organisatorischen Strukturen, Rahmenbedingungen und Anforderungen voraussetzt. Im Anschluss an die Analyse muss, basierend auf den vorgefundenen Rahmenbedingungen und Anforderungen der Organisation, eine eventuell notwendige Neustrukturierung und Bestimmung von geänderten Rahmenbedingungen und Regeln erfolgen. Im vorliegenden Fall, der Implementierung von Projektmanagement in einer langfristig gewachsenen, stark hierarchisierten Organisationsstruktur ist eine Organisationsstrukturierung und Projektdefinition, die den Anforderungen eines gelebten Projektmanagements gerecht wird, notwendig.[138]

Ist das Fundament für eine praktische Anwendung von Projektmanagement gelegt, gilt es die Methoden und Techniken des Einzel-Projektmanagement (operatives Projektmanagement) den zukünftigen Projektleitern näher zu bringen. Die Erarbeitung und Bereitstellung der grundlegenden Projektmanagement-Methoden, -Instrumente und -Dokumente für die Planung, Steuerung und Kontrolle und des Projektabschlusses bilden wiederum die Basis für ein erfolgreiches Multi-Projektmanagement. Sind die Inhalte eines ganzheitlichen Projektmanagements verstanden und wird die neue Organisations-, Arbeits- und Führungsform erfolgreich umgesetzt, kann im letzten Schritt die Einführung einer unterstützenden Projektmanagement-Software erfolgen.

Die Teilprojekte, Unterprojekte und Arbeitspakete wurden im Rahmen der Projektplanung zeitlich strukturiert und entsprechende Balken- und Netzpläne erarbeitet. Ebenso wie der Projektstrukturplan wurden diese Planungselemente im Laufe des Projekts, im Sinne einer rollierenden Planung, immer wieder angepasst und vervollständigt Abb. 47, Abb. 48).

Die folgenden Kapitel beschreiben die im Rahmen dieses gemeinschaftlichen Veränderungsprojekts bearbeiteten Teilprojekte, Unterprojekte und Arbeitspakete. In Kapitel 4.2 wird zunächst die durchgeführte Situationsanalyse für den Kompetenzbereich Oberflächentechnik beschrieben. Die angewendeten Methoden wurden bereits in Kapitel 2.3.2 vorgestellt. Mit Erreichen des ersten Meilensteins, der abgeschlossenen Analyse, und einem entsprechend Fazit (Kapitel 4.2.4) fällt der Startschuss für die Umsetzungsphase (Kapitel 4.3). Das Teilprojekt *Umsetzung* ist weiter untergliedert in drei Unterprojekte, die *organisatorische Strukturierung und Projektdefinition* (Kapitel 4.3.1), die *Umsetzung des Einzel-Projektmanagements* (Kapitel 4.3.2) und die *Umsetzung des Multi-Projektmanagements*.

Die Umsetzung des Multi-Projektmanagements ist im Anschluss an diese erste Einführungsmaßnahme geplant. Das letzte Teilprojekt, die Implementierung einer Projektmanagement-Software, wurde zunächst verschoben. Hintergrund hierfür ist die aktuell nicht gegebene Notwendigkeit eines unterstützenden Software-Tools.[139]

---

[138] Vgl. u.a. Heintel, P./Krainz, E. (2000), S. 42, 57.

[139] Vgl. Kapitel 5 Projektabschluss und Zusammenfassung.

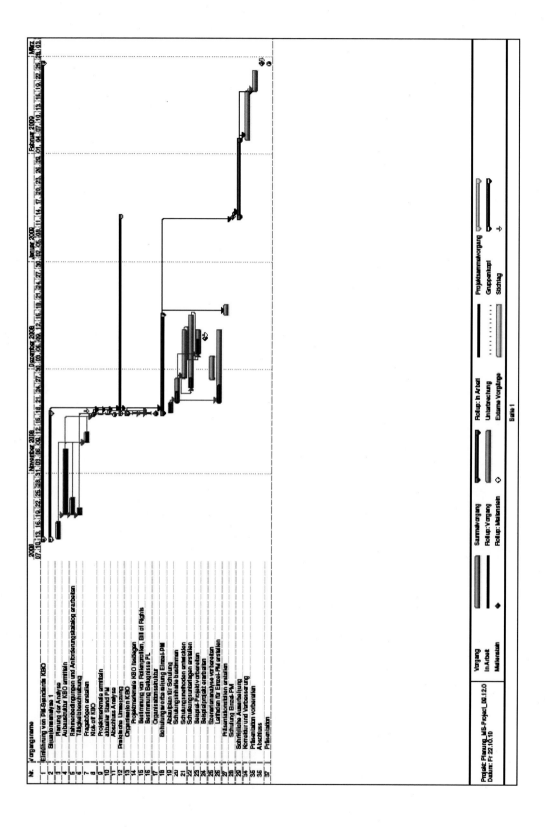

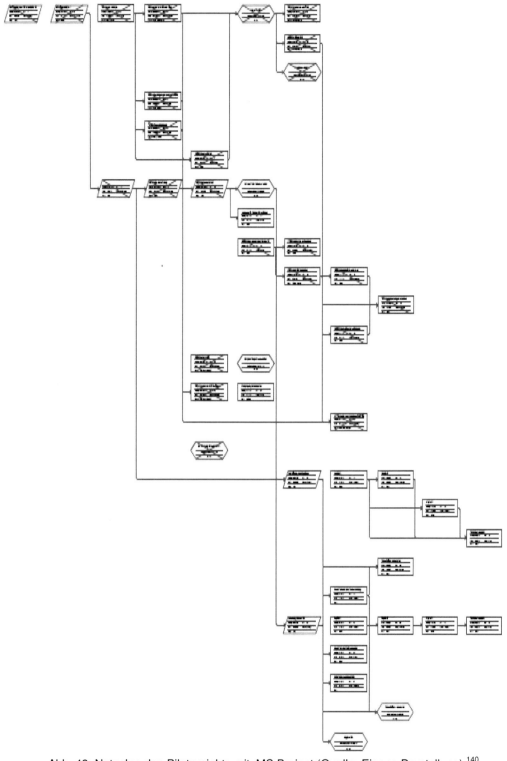

Abb. 48: Netzplan des Pilotprojekts mit MS Project (Quelle: Eigene Darstellung).[140]

---

[140] Auf Lesbarkeit wurde an dieser Stelle bewusst verzichtet, da eine schemenhafte Darstellung der Projektplanung im Netzplan bezweckt wurde.

79

4.2 Situationsanalyse, Rahmenbedingungen und Anforderungen

Die konkrete Umsetzung von Projektmanagement im Kompetenzbereich Oberflächen-technik verlangte zunächst eine klare Strukturierung der Organisationseinheit anhand der Definition von Funktionshierarchien sowie die Klärung von Rechten und Pflichten der verschiedenen Projektbeteiligten (Funktionen).[141]

Die Organisation wurde im Hinblick auf die aufbau- und ablauforganisatorischen Strukturen analysiert. Zudem wurde untersucht welche Aufgabengebiete als Projekte zu betrachten sind und somit ein aktives Projektmanagement verlangen. Des Weiteren sollte der aktuelle Stand von bereits umgesetzten Projektmanagement-Standards bei der Bearbeitung von Projekten geklärt werden. Hierzu wurde ein Project-Scan als Analysemethode verwendet.

Für die Analyse wurden zudem Gespräche mit dem Kompetenzbereichsleiter geführt und bereits vorhandene Dokumente der Aufbau- und Ablauforganisation auf ihre aktuelle Richtigkeit und mögliche Veränderbarkeit hin geprüft.[142]

4.2.1 Analyse der Aufbauorganisation

Die Analyse der Aufbauorganisation bezieht sich sowohl auf den Kompetenzbereich Oberflächentechnik als auch auf das gesamte *Zentrum für Konstruktionswerkstoffe Staatliche Materialprüfungsanstalt Darmstadt Fachgebiet und Institut für Werkstoff-kunde (MPA/IfW)*.

Aufbauorganisation MPA/IfW

Die MPA/IfW gliedert sich, unter der obersten Leitungsebene, in die sieben Kompetenz-bereiche:

    B: Baustoffe,

    K: Kunststoffe,

    F: Werkstoffanalytik,

    W: Mess-u Kalibriertechnik,

    S: Bauteilfestigkeit,

    H: Hochtemperaturwerkstoffe,

    O: Oberflächentechnik.

Die Kompetenzbereiche sind weiter untergliedert in Kompetenzfelder mit Fachverant-wortlichen. Das Institutssteuerungsteam (IST) ist als Stabsstelle angesiedelt. Es ergibt sich eine Stab-Linien-Organisation, wie in Abb. 49 dargestellt.

---

[141] Vgl. Kupper, H. (2001), S. 43ff.
[142] Vgl. Anhang.

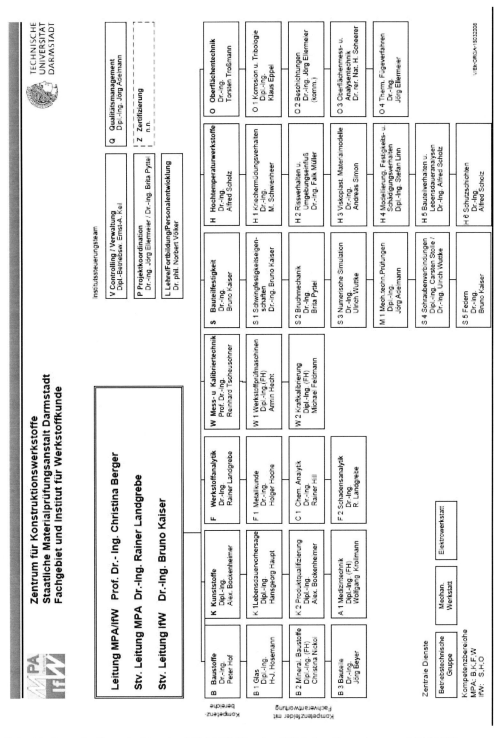

Abb. 49: Organisationsstruktur der MPA/IfW (Quelle: Offizielles Organigramm MPA/IfW).

81

Aufbauorganisation KBO

Der Kompetenzbereich Oberflächentechnik ist unter der Kompetenzbereichsleitung in die vier Kompetenzfelder *Korrosion, Tribologie, Funktionelle Oberflächentechnik* und *Schweißtechnik* mit den entsprechenden Fachverantwortlichen unterteilt:[143]

Alltägliche Aufgaben, der Lehrbetrieb ebenso wie Projektarbeiten werden von wissenschaftlichen Mitarbeitern, Prüfingenieuren und technisch-administrativen Mitarbeitern, die den Kompetenzfeldern zugeordnet sind, übernommen.

Zu den Aufgabenfeldern der wissenschaftlichen Mitarbeiter zählen

- die Bearbeitung von F&E-Projekten,
- die Vorbereitung von Veröffentlichungen und Vorträgen,
- die Teilnahme an Konferenzen,
- die Unterstützung von Lehrveranstaltungen,
- die Betreuung und Betrieb komplexer Versuchseinrichtungen,
- die Bearbeitung von Industrieaufträgen und
- die Erstellung der Dissertation.

Das Aufgabenspektrum der Prüfingenieure umfasst

- die Betreuung und den Betrieb komplexer Versuchseinrichtungen,
- die Durchführung von Untersuchungen und Prüfungen,
- die Bearbeitung von Industrieaufträgen,
- die Disposition von Hilfswissenschaftlern im Arbeitsbereich,
- die Schulung von Auszubildenden, Hilfswissenschaftlern, Studenten und Mitarbeitern,
- die Unterstützung der Lehre in Form von Praktika und
- die Weiterentwicklung der Prüftechnik und des Arbeitsumfeldes.

Die technisch-administrativen Mitarbeiter widmen sich den Aufgaben

- des Betriebs der Versuchseinrichtungen und Durchführung von Untersuchungen und Prüfungen,
- der Sicherstellung der qualitätsorientierten Betriebsfähigkeit der Einrichtungen,
- der Anleitung von Auszubildenden, Hilfswissenschaftlern und Studenten sowie
- der Weiterentwicklung der Prüftechnik und des Arbeitsumfeldes.

---

[143] Vgl. auch Organigramm im Anhang

Der Kompetenzfeldverantwortliche beschäftigt sich mit

- der Unterstützung der Kompetenzbereichsleiter durch die Übernahme von Fachverantwortung in den relevanten Bereichen,

- der Pflege und dem Ausbau der Fachkompetenz,

- der Außendarstellung des Kompetenzfeldes,

- der Entwicklung des Kompetenzfeldes,

- der Vorbereitung von Investitionen,

- der Initiierung und der Projektgruppenleitung in F&E-Projekten,

- der Disposition der Aufgaben im Kompetenzfeld und

- der Qualitätssicherung im Kompetenzfeld.

Der Kompetenzbereich Oberflächentechnik befand sich derzeit in einer Phase der Neustrukturierung mit einer gleichzeitig wachsenden Auftragslage. Die Zunahme an Projekten und Arbeitsfeldern sowie unklare Strukturen, Kompetenzen und Verantwortlichkeiten und die Vermischung von Routinetätigkeiten und Projektarbeit führten zu einer Überbelastung der Mitarbeiter aufgrund unklarer Kapazitätsauslastung. Durch die gegebenen Verhältnisse mussten die Projekte häufig hinter den Routineaufgaben zurückstehen. Abb. 50 zeigt die vorgefundene Struktur in Bezug auf die Eingliederung von Projektarbeit im Kompetenzbereich Oberflächentechnik.

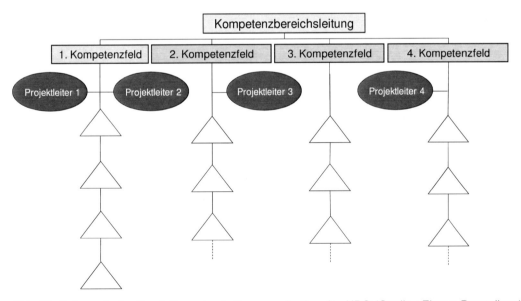

Abb. 50: Schematische Darstellung der Aufbauorganisation des KBO (Quelle : Eigene Darstellung).

Fazit Aufbauorganisation

Die Ausgangssituation der Aufbauorganisation im Kompetenzbereich Oberflächentechnik lässt sich wie folgt zusammenfassen.

Der Kompetenzbereich Oberflächentechnik ist in einer Stab-Linien-Organisation aufgestellt. Die Mitarbeiter, die Projektarbeiten übernehmen, verbleiben den Linienvorgesetzten unterstellt. Sie erhalten keine gesonderten Weisungs- und Entscheidungsbefugnisse, wodurch der Ressourcenzugriff erschwert wird. Es entsteht eine vermehrte Belastung der höheren Hierarchieebenen mit Entscheidungsfragen. Routinetätigkeiten werden meist vorrangig behandelt, wodurch der Projektfortschritt gehemmt wird. Zudem existieren komplexe, unübersichtliche Informations- und Kommunikationswege.[144]

4.2.2 Analyse der Ablauforganisation

Die Analyse der Ablauforganisation zielt darauf ab die üblichen Prozessschritte der verschiedenen Tätigkeiten im Kompetenzbereich Oberflächentechnik offen zu legen und zu dokumentieren. Neben einer strukturierten Darstellung von Abläufen ergab sich hierdurch auch die Möglichkeit Projektarbeiten von Routinetätigkeiten zu unterscheiden. Die Abwicklung von Forschungs- und Entwicklungsaufträgen jeglicher Art sind eindeutig von routinierten Prüfaufträgen und Mitarbeit in der Lehre abzugrenzen.

Abb. 51 stellt die Zusammenhänge der Antragsstellung für F&E-Projekte in der MPA/IfW dar. Bevor ein Mitarbeiter eines Kompetenzbereichs mit der Bearbeitung eines Projekts beauftragt wird, werden verschiedene Genehmigungs- und Freigabestufen durchlaufen. Für das operative Projektmanagement liegen die Phasen und Prozesse nach Antragsfreigabe im Fokus der Managementtätigkeit. Während der Antragstellung müssen jedoch bereits erste Planungsaktivitäten für die Erstellung der Antragsformulare und Skizzen in Angriff genommen werden. Die hier erstellten Unterlagen dienen als Grundlage für die weitere Projektplanung nach Freigabe.

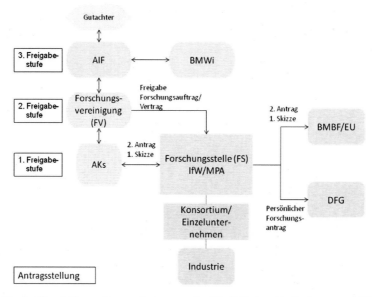

Abb. 51: Schematische Darstellung der am Antragsverlauf beteiligten Institutionen und Zusammenhänge der Antragsstellung für Forschungsaufträge (Quelle: Eigene Darstellung).

---

[144] Vgl. Kapitel 2.1.2 Projektorganisation.

Grundsätzlich kann die Idee für ein neues Forschungsprojekt intern z.B. von Mitarbeitern eines Kompetenzbereichs oder extern von der Industrie, dem Bundesministerium für Bildung und Forschung (BMBF), der EU oder einer Stiftung stammen. Für die Antragsstellung muss zunächst eine grobe Skizze der Forschungsidee und deren Umsetzungsmöglichkeit erarbeitet und vorgelegt werden. Dies kann, wenn vorhanden, gemeinsam mit dem Industriepartner oder durch einen Mitarbeiter des jeweiligen Kompetenzbereichs alleine erfolgen. Sinnvoll ist die Erstellung dieser ersten Grobplanung durch den potenziellen Projektleiter. Die Antragsgenehmigung durchläuft, abhängig davon welche Institution für die Freigabe zuständig ist (Abb. 51), verschiedene Stufen. Ist der Antrag letztlich genehmigt, kann der Projektauftrag an den Projektleiter übergeben werden. Abb. 52 veranschaulicht die Schritte bis zur Auftragsübergabe nochmal in einer vereinfachten Prozesskette.

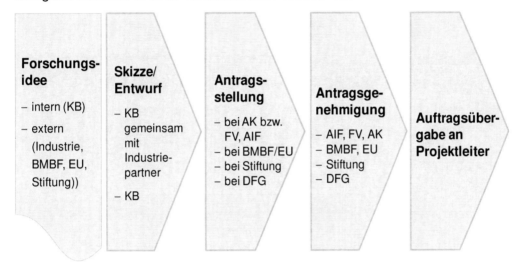

Abb. 52: Prozesskette des Forschungsantragsverlauf (Quelle: Eigene Darstellung).

Für das operative Projektmanagement fällt der Startschuss mit der offiziellen Übergabe des Projekts an den Projektleiter. Oft ist dieser bereits für die Erstellung der Skizze bzw. eines ersten Entwurfs der Forschungsidee verantwortlich, so dass die Einarbeitungszeit und die Entwicklung eines grundlegenden Verständnisses für die Aufgabenstellung erheblich verkürzt werden.

Wie in Kapitel 3.3 beschrieben, lassen sich die Projektmanagement-Prozesse und ihre Input-Output-Beziehungen für spezielle Projekttypen darstellen. Im Zuge der Analyse der Ablauforganisation wurden diese Beziehungen für typische Projekteabläufe sowohl graphisch (Abb. 53) als auch tabellarisch (Tab. 4) aufgearbeitet. Die Darstellung allgemeingültiger Projektprozesse dient dazu, den im Anschluss an diese erste Maßnahme der Einführung von Projektmanagement-Standards geplanten *Rollout* des hier erarbeiteten Vorgehenskonzepts für die gesamte MPA/IfW zu vereinfachen.

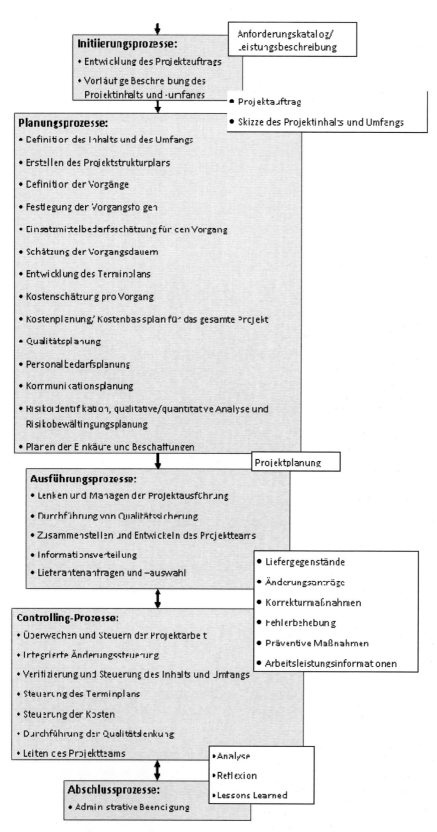

Initiierungsprozesse:

- Entwicklung des Projektauftrags
- Vorläufige Beschreibung des Projektinhalts und -umfangs

Anforderungskatalog/ Leistungsbeschreibung

- Projektauftrag
- Skizze des Projektinhalts und Umfangs

Planungsprozesse:

- Definition des Inhalts und des Umfangs
- Erstellen des Projektstrukturplans
- Definition der Vorgänge
- Festlegung der Vorgangsfolgen
- Einsatzmittelbedarfsschätzung für den Vorgang
- Schätzung der Vorgangsdauern
- Entwicklung des Terminplans
- Kostenschätzung pro Vorgang
- Kostenplanung/ Kostenbasisplan für das gesamte Projekt
- Qualitätsplanung
- Personalbedarfsplanung
- Kommunikationsplanung
- Risikoidentifikation, qualitative/quantitative Analyse und Risikobewältigungsplanung
- Planen der Einkäufe und Beschaffungen

Projektplanung

Ausführungsprozesse:

- Lenken und Managen der Projektausführung
- Durchführung von Qualitätssicherung
- Zusammenstellen und Entwickeln des Projektteams
- Informationsverteilung
- Lieferantenanfragen und –auswahl

- Liefergegenstände
- Änderungsanträge
- Korrekturmaßnahmen
- Fehlerbehebung
- Präventive Maßnahmen
- Arbeitsleistungsinformationen

Controlling-Prozesse:

- Überwachen und Steuern der Projektarbeit
- Integrierte Änderungssteuerung
- Verifizierung und Steuerung des Inhalts und Umfangs
- Steuerung des Terminplans
- Steuerung der Kosten
- Durchführung der Qualitätslenkung
- Leiten des Projektteams

- Analyse
- Reflexion
- Lessons Learned

Abschlussprozesse:

- Administrative Beendigung

Abb. 53: Prozesskette der Projektbearbeitung in der MPA/IfW (Quelle: Eigene Darstellung).

Tab. 4 enthält zusätzlich zu den jeweiligen Prozessschritten, der hierfür verantwortlichen Stelle und den Input-Output-Beziehungen auch die Methoden und Instrumente, die für die Bedürfnisse des Kompetenzbereichs Oberflächentechnik zusammengestellt wurden. Im Zuge eines späteren *Rollout* auf die anderen Kompetenzbereiche der MPA/IfW, muss die Gültigkeit der einzelnen Methoden und Instrumente für jeden Kompetenzbereich geprüft und falls notwendig angepasst bzw. geändert werden.

Prozessschritt	Input	Methoden und Instrumente	Output	Verantwortlicher
Eingang des Anforderungskatalogs	- Kundenanforderungen/ Leistungsbeschreibung	- Projektordner anlegen	- Aufgenommene Anforderungen/ Pflichtenheft	Linienverantwortlicher oder Projektleiter
Analyse der gestellten Anforderungen hinsichtlich: • Umsetzbarkeit • Verantwortlichkeit • Zielsetzung des Kunden • Analyse bereits durchgeführter ähnlicher Aufträge (intern) • Literaturrecherche • Entwurf einer ersten Versuchsskizze	- Erhaltene Kundenanforderungen - Relevante Kunden-Informationen (externe Informationen) - Unterlagen bereits durchgeführter ähnlicher Untersuchungen (interne Informationen) - Öffentliche Informationen	- Projektziele und Teilvereinbarungen abstimmen/Meilensteine setzen - Projekt-Netzwerke und Schnittstellen offenlegen/ Berichtswesen organisieren - Projektbeteiligte bestimmen - Projektbasis formulieren	- Anfordrungsanalyse - Durchführbarkeits-Studie - Skizze des Versuchsplans	Projektleiter
Rücksprache mit dem Kunden/ Auftraggeber und Anpassung des Versuchsplans	- Anforderungsanalyse - Durchführbarkeitsstudie - Skizze des Versuchsplans - Versuchsaufbau - Erfahrungswerte/ Know-how - Verfügbare Ressourcen - Datenbasis Materialien - Datenbasis Berichtswesen - Externe Informationsquellen und Literatur	- Projektstart und Projekt Kick-off durchführen - Projektstrukturplanung (PSP) - Balken- und Funktionsdiagramm - Ressourcenplanung, Kapazitäten - Risikoanalyse Basis-Netzplan und Risikopläne aufstellen	- Beidseitig abgestimmter Versuchsplan	Projektleiter und Kunde

Umsetzung des Versuchsplans	- Versuchsplanung - Beschaffung zu untersuchender Proben und Materialien - Versuchsaufbau - Arbeitsanweisungen	- Aufgabenlisten und Stellenbeschreibungen - Regelmäßige Sitzungen mit Projektteam und Projektführung - Projektkommunikation und Projektstakeholder - Tagesordnung und Protokolle - Messung der Zwischenergebnisse, Meilensteine und Leistungsmessung - Kontrollieren und Beurteilen	- Versuchsergebnisse - Getestetes Probenmaterial	Projektleiter
Analyse und Ergebnis-aufbereitung	- Versuchs-Ergebnisse - Analysemethoden	- Projektspezifische Analysemethoden - Präsentation vorbereiten	- Analyse-Ergebnisse - Präsentations-unterlagen - Erste Rückschlüsse und Beurteilungen - Metadaten	Projektleiter
Besprechung/ Diskussion der Ergebnisse	- Analyse-Ergebnisse - Präsentations-unterlagen - Erste Rückschlüsse und Beurteilungen		- Feedback durch den Kunden - Schlussfolgerungen und Empfehlungen	Projektleiter und Kunde
Dokumentation der Ergebnisse	- Analyse-Ergebnisse - Präsentations-unterlagen - Vorangegangene Berichte und Vergleichsdaten - Schlussfolgerungen und Empfehlungen - Metadaten	- Abschlussbericht anfertigen	- Unterschungs-bericht	Projektleiter
Berichtskontrolle	- Untersuchungs-bericht - Metadaten	- Durch Auftraggeber	- Kontrollierter Bericht	Auftraggeber

Übergabe der Berichtsdokumente an den Kunden	- Kontrollierter Bericht	- Projektordner schließen	- Abschluss der Versuchsphase	Projektleiter
Archivierung der Proben und Versuchsmaterialien	- getestetes Probenmaterial - Rohdaten und Dokumente	- projektabhängig	- Archivierte Materialien, Proben und Datenmaterial	Projektleiter
Rechnungsstellung	- Projektkosten	- Erhebung der Ist-Kosten - Abgleich mit den Planwerten	- Rechnung	Projektleiter und Administration
Abschluss des Auftrags	- Projektdokumente	- Abschluss-Sitzung - Projektübergabe/-abnahme - Auflösung des Projektteams	- Projektabschluss	Projektleiter
Änderung des Anforderungskatalogs	- Änderungswünsche des Kunden - Änderungsanträge aufgrund von Planabweichungen	- Regelmäßige Soll-/ Ist-Abgleiche - Bestimmung von Maßnahmen - Formulierung von Änderungsanträgen	- Geänderter Versuchsplan	Projektleiter und Kunde

Tab. 4: Prozessschritte der Auftragsabwicklung (Quelle. Eigene Darstellung).

4.2.3 Analyse der bereits umgesetzten Projektmanagement-Standards

Fragebogen Projektmerkmale

Auf Basis eines am 30.07.2008 durchgeführten Workshops zum Thema Projektmanagement und den dort erarbeiteten Vorschlägen für die Projektdefinition wurde ein Fragebogen für Projektmerkmale erstellt (Abb. 54).

Der Fragebogen wurde im Anschluss an die Kick-off-Veranstaltung für das Pilotprojekt am 18.11.2008 an alle Mitarbeiter des Kompetenzbereichs Oberflächentechnik ausgegeben. Die hierin gemachten Angaben wurden nach der Auswertung verbindlich dokumentiert und dienten als Grundlage für die Definition von Projekten im Kompetenzbereich Oberflächentechnik. In Kapitel 4.3.1 *Umsetzung Organisatorische Strukturierung* sind das Ergebnis des Fragebogens und die Umsetzung beschrieben.

Project-Scan

Die Analyse der bereits existierenden Projektmanagement-Standards wurde anhand eines Project-Scan[145] durchgeführt. Der Fragenkatalog, der bei der Einführung von Projektmanagement bei Siemens ICN CV-A in Frankfurt a.M. verwendet wurde, diente als Grundlage und wurde entsprechend angepasst (Abb. 55). Die Ergebnisse sind in Tab. 5 und Tab. 6 dargestellt.

Ergebnisse der Analyse bereits umgesetzte PM-Standards

Prinzipiell lässt sich feststellen, dass die verschiedenen Auffassungen darüber was Projektmanagement ist zu divergierenden Ansichten über die bereits vorhandenen Projektmanagement-Standards in der Organisationseinheit führen. Hierdurch wird der unterschiedliche Wissensstand in Bezug auf die Bedeutung des Projektmanagements sowohl begriffstechnisch als auch arbeitstechnisch deutlich.

Projektmanagement wird häufig mit Zeitmanagement, Risikomanagement oder Qualitätsmanagement etc. gleichgesetzt. Hierbei handelt es sich jedoch nur um einzelne Wissensgebiete, die im Projektmanagement vereint Anwendung finden. Gemäß dem Project Management Institute (PMI) lässt sich das Projektmanagement in neun Wissensgebiete bzw. Managementdisziplinen einteilen, denen ein Projektmanager gewachsen sein muss.

1. Das *Integrationsmanagement* beschäftigt sich mit den Prozessen, welche die verschiedenen Elemente eines Projektes koordinieren. Es beinhaltet folglich die Prozesse: Projektplan-Entwicklung, Umsetzung des Projektplans und die integrierte Änderungssteuerung.

2. Das *Inhalts- und Umfangsmanagement* stellt sicher, dass alle notwendigen Aktivitäten und Arbeiten, die zum Erfolg des Projektes beitragen, erfasst sind. Es beinhaltet die Prozesse: Initiierung, Planung und Definition des Umfangs, Verifizierung des Umfangs und der Inhalte sowie das Controlling von Umfangsänderungen.

3. Das *Zeitmanagement* beschreibt die Prozesse, die zur termingerechten Fertigstellung des Projekts beitragen. Hierzu gehören die Definition der Aktivitäten, die Sequenzialisierung der Aktivitäten, die Schätzung der Dauer einzelner Aktivitäten, die Entwicklung eines Zeitplans und die Überwachung desselbigen.

4. Das *Kostenmanagement* soll sicherstellen, dass das Projekt innerhalb eines festgelegten Kostenplans abgewickelt wird. Die relevanten Prozesse sind die Ressourcenplanung, Kostenschätzung, Kostenzuteilung und die Kostenüberwachung.

---

[145] Vgl. Kapitel 4.2.3.

5. Das *Qualitätsmanagement* beinhaltet die Sicherstellung des Erreichens von Qualitätszielen. Es setzt sich aus den Prozessen der Qualitätsplanung, Qualitätssicherung und der Qualitätskontrolle zusammen.

6. Das *Personalmanagement* umfasst die effiziente Zuordnung von Ressourcen zu den einzelnen Aktivitäten in Anhängigkeit von den gegebenen Fähigkeiten und Kapazitäten. Die Prozesse belaufen sich auf die Organisationsplanung, Mitarbeiterbeschaffung und Teamentwicklung.

7. Das *Kommunikationsmanagement* dient dazu, zeitlich und inhaltlich korrekte Information zu generieren, zu sammeln, zu verteilen, zu speichern und letztendlich an alle Beteiligten zu verbreiten. Hierzu gehören die Kommunikationsplanung, Informationsverbreitung, Leistungserfassung sowie der administrative Abschluss.

8. Das *Risikomanagement* beschreibt die Prozesse, die sich mit der Identifikation, Analyse und Behandlung von Risiken auseinandersetzen. Risikoidentifikation, Risikoquantifizierung, Entwicklung von Vorgangsplänen bei Risiko und dem Controlling der selbigen.

9. Das *Beschaffungsmanagement* sorgt für die Bereitstellung der benötigten Materialen und Dienstleistungen, die von außerhalb bezogen werden müssen. Es beinhaltet die Prozesse Beschaffungsplanung, Planung der Angebotsermittlung, Angebotsermittlung, Quellenauswahl, Vertragsabwicklung und den vertraglichen Projektabschluss.[146]

---

[146] Vgl. PMI (2004), S. 9-10.

Vorschläge für Projekte bzw. Projektmerkmale aus dem vorausgegangenen Workshop:

1. Dissertation (Meilenstein z.B. first year –Bericht)
2. Forschungsprojekte (evtl. mehrere) (Teilprojekte:
   a. Veröffentlichung
   b. Versuchseinrichtung
   c. Abschlussbericht
   d. Betreuung von Stud./Dipl.-Arbeit
3. MPA- Aufträge (wenn längerfristig / wenn verantwortlich) (Koordination im Hause)
4. Schadensuntersuchung (wenn größer) (Budget oder Zeitaufwand?)
5. Industrieprojekt (wenn länger s.so.)
6. wenn AKE-Nummer
7. Wenn Ressourcen, Budget und Schnittstellen geplant werden müssen, Informationsaustausch notwendig
8. ZB. Verbesserung von Sicherheit oder Datensicherung, dann Übergabe in Routine
9. DFG Anträge schreiben

Vorschläge für die Charakterisierung des Tagesgeschäft aus dem vorausgegangenen Workshop: ist begleitend und nicht planbar (boykottiert oft längerfristige Projekte) z.B.

1. Mitarbeit in der Lehre (Klausureinsicht, Protokollant etc.)
2. MPA-Tätigkeiten (wiederholend und nicht eigenverantwortlich)
3. Versuchsdurchführung (wenn Routine geworden)
4. Korrespondenz / Interaktion
5. kleiner eine Woche? Kleiner bestimmte Stundenzahl?

„Was sind für mich Merkmale, die ein Projekt auszeichnen?" (Bitte nur solche Merkmale ankreuzen die Eurer Meinung nach unerlässlich für die Charakterisierung eines Projektes und somit für eine Abgrenzung gegenüber Routinetätigkeiten sind.)

Projektmerkmale:	x
Mind. Dauer (bitte Zeitangabe z.B. 1 Woche)	
Max. Dauer (bitte Zeitangabe z.B. 3 Jahre)	
Definierter Anfang	
Definiertes Ende	
Neuartigkeit der Aufgabenstellung	
Komplexität der Aufgabenstellung	
Interdisziplinärer Querschnittcharakter	
Einmaligkeit der Aufgabenstellung	
Vorgabe eines konkreten Ziels	
Nutzung bereichsübergreifender Ressourcen/Mitarbeiter	
Unterteilbarkeit in Teilprojekte/Arbeitspakete	
Akquirierung verschiedener Fachleute/Spezialisten	
Festlegung von Meilensteinen	
Vorhandensein eines Auftraggebers/Auftragsdokument	
Vorhandensein eines Kunden	
Möglichkeit der zeitlichen Planung/Strukturierung	
Zeitliche, finanzielle, personelle und andere Begrenzungen	
Projektspezifische Organisation	
Abgrenzbarkeit gegenüber anderen Vorhaben	
Notwendigkeit für die Bildung eines Projektteams muss gegeben sein	

Abb. 54: Fragebogen Projektmerkmale KBO (Quelle: Offizielles Dokument).

Project-Scan

Der Project-Scan dient zur Analyse des aktuellen Stands von Projektmanagement-Standards im Kompetenzbereich O. Ich möchte Euch bitten im folgenden Fragebogen, die für euch zutreffenden Aussagen anzukreuzen. Vielen Dank für Eure Mitarbeit!

	Wichtigkeit					Umsetzungsgrad			
	- -	-	+	+ +		- -	-	+	+ +
Der Projektleiter wird formal benannt und dies auch schriftlich Dokumentiert? (Projektauftrag mit Rechten und Pflichten)									
Die Projektmitglieder sind namentlich bekannt und ihre Rollen und Aufgaben klar definiert? (Projektorganisation)									
Es gibt eine formelle Übergabe zwischen Projektauftrag und Projektabwicklung? (Projektübergabegespräch).									
Die Ziele des Projekts sind allen Beteiligten klar und markante Eckwerte dokumentiert?									
Der Liefer- und Leistungsumfang (auf Basis Angebot und Vertrag) wird von den Mitgliedern des Projektteams gemeinsam überprüft und dokumentiert?									
Die Meilensteine (auf Basis Angebot und Vertrag) werden von den Mitgliedern des Projektteams gemeinsam überprüft und dokumentiert?									
Die Projektstruktur und die Definition der Arbeitspakete werden auf Basis von Liefer- und Leistungsumfang und Meilensteinen systematisch erstellt?									
Der Terminplan wird auf Basis der Projektstruktur und der Aufwandseinschätzung für die Aktivitäten und Arbeitspakete systematisch erstellt?									
Für die Realisierungsphase wird ein detaillierter Rolloutplan erstellt, der die Termine für die einzelnen Prozessschritte pro Untersuchung/Installation definiert?									
Die vom Projekt betroffenen Führungskräfte und Mitarbeiter der Linienorganisation werden im Rahmen einer Kick-off Veranstaltung über die Projektplanung und –inhalte informiert?									
Im Projektteam werden regelmäßig (wöchentlich) Projektbesprechungen durchgeführt in denen Projektplanung, -fortschrittskontrolle und Informations- austausch im Vordergrund stehen?									

Abb. 55: Project-Scan KBO (Quelle: Offizielles Dokument).

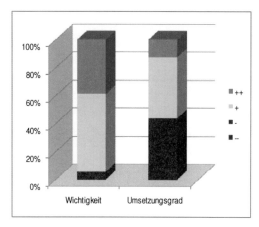

Formale Benennung des Projektleiters

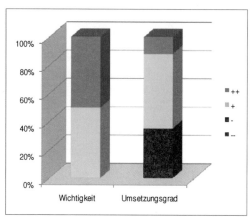

Benennung der Projektmitglieder, Rollen, Aufgaben

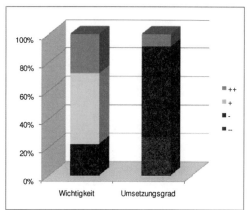

Formelle Übergabe des Projekts

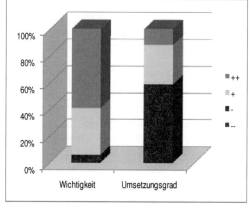

Klare Ziele und Eckwerte

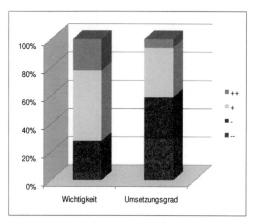

Gemeinsame Überprüfung des Liefer- und Leistungsumfangs

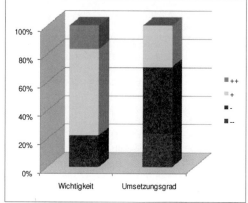

Gemeinsame Überprüfung von Meilensteinen

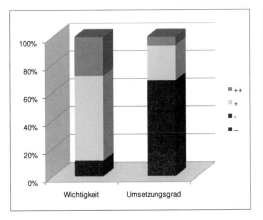

Systematische Erstellung von Projektstruktur und Arbeitspaketdefinition

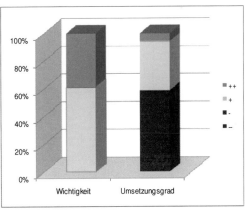

Systematische Erstellung des Terminplans auf Basis von Aufwandsschätzungen

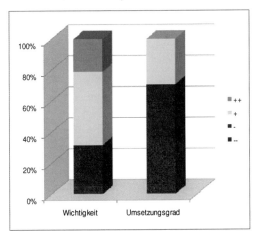

Detaillierter Rolloutplan für die Realisierungsphase

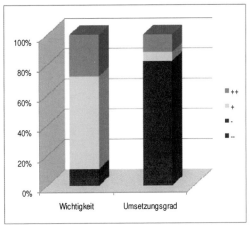

Information über Projektplanung und -inhalte im Rahmen eines Kick-off

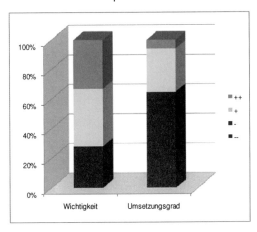

Regelmäßige Treffen des Projektteams zur Projektbesprechung

Tab. 5: Graphische Auswertung Project-Scan KBO (Quelle: Eigene Darstellung).

Die beiden Tortendiagramme (Tab. 6) spiegeln das Gesamtbild der Analyse wider. Es zeigt sich, dass Projektmanagement als wichtige Arbeitsform empfunden wird, derzeit die entsprechenden Grundlagen für ein erfolgreiches Projektmanagement jedoch noch zu wünschen übrig lassen.

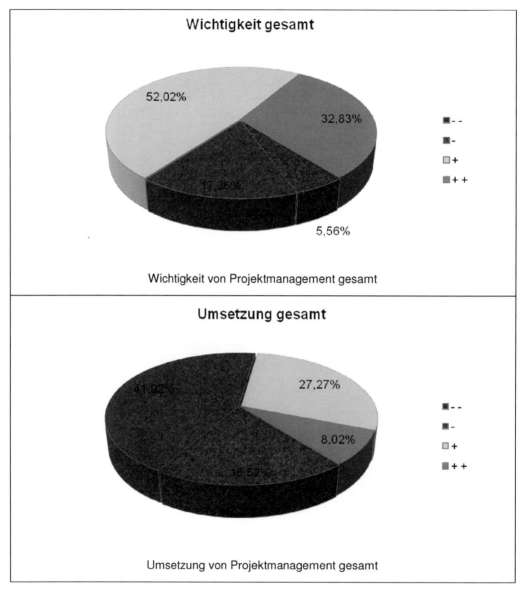

Tab. 6: Wichtigkeit und Umsetzungsgrad von Projektmanagement im KBO (Quelle: Eigene Darstellung).

4.2.4 Abschluss Teilprojekt Analyse

Aus der Situationsanalyse im Kompetenzbereich Oberflächentechnik wurden die folgenden Erkenntnisse gewonnen. Die Parallelität von Alltagsgeschäft und Projekten, die Existenz mehrerer Projekte in einem Kompetenzfeld sowie die Übernahme mehrerer Projekte durch einzelne Mitarbeiter und eine kompetenzfeldübergreifende Akquirierung von Mitarbeitern und Ressourcen z.T. auch kompetenzbereichsübergreifend führen zu der Notwendigkeit:

1. Projekte von Routinetätigkeiten abzugrenzen.

2. Die bestehende Hierarchie abzuflachen und neue Strukturen mit mehr Verantwortung und Befugnissen für die Projektleiter zu schaffen.

3. Projektmanagement-Methoden und –Instrumenten für die Projektleiter zur Verfügung zu stellen.

4. Multiprojektmanagement-Methoden und –Instrumenten für die Projektportfolio-Koordinatoren zur Verfügung zu stellen.

5. Informationstechniken und –Tools für den Kompetenzbereichsleiter bereit-zustellen.

Die anhand des Project-Scans und im Rahmen der *informellen Kommunikation*[147] gewonnene Informationen über die bereits vorhandenen Projektmanagement-Standards ergaben die folgenden Erkenntnisse. Der Wissensstand im Kompetenzbereich Oberflächentechnik hinsichtlich des Nutzens, der Inhalte und der Anwendung von Projektmanagement-Standards differiert je nach individuellen Erfahrungen und Selbstbildung der einzelnen Mitarbeiter. Hieraus ergibt sich die Notwendigkeit:

1. Eine gemeinsame Wissensbasis zu schaffen, d.h. alle Mitarbeiter des Kompetenzbereichs, die in Zukunft Projekte leiten werden oder in diesen mitarbeiten auf einen Wissensstand zu bringen.

2. Die Rahmenbedingungen, Rollenverteilungen und Zuweisung von Befugnissen neu festzulegen.

3. Die Inhalte des Einzel-Projektmanagements (operatives Projektmanagement) sowie Multi-Projektmanagements zu vermitteln.

4. Ein grundlegendes Verständnis für die Notwendigkeit der bevorstehenden Maßnahmen zu schaffen.

Voraussetzung für das weitere Vorgehen zur Einführung von Projektmanagement-Standards ist, dass alle Betroffenen die Besonderheiten dieser Arbeitsweise verstanden und akzeptiert haben. Nur dann ist ein erfolgreicher Abschluss dieses Veränderungs-projekts möglich.

---

[147] Vgl. Allgeier, F. (2005), S. 59.

Aus der Analyse ging hervor, dass das organisatorische und arbeitstechnische Fundament für ein zukünftiges Arbeiten in Projekten parallel zu Routinetätigkeiten der Linie erst teilweise vorhanden ist. Für das weitere Vorgehen und die Projektplanung bedeutete dies, dass die Hauptarbeit darin besteht zunächst die Organisation neu zu strukturieren, die Rahmenbedingungen anzupassen und die Mitarbeiter des Kompetenzbereichs auf einen einheitlichen Wissensstand im operativen Projektmanagement zu bringen.

Aufbauend auf den Ergebnissen der Analyse wurde die Projektplanung angepasst. Durch die zeitliche Befristung wurden das Teilprojekt *PM-Software* komplett und das Unterprojekt *Multi-Projektmanagement* des Teilprojekts *Umsetzung PM* zunächst verschoben.

4.3 Implementierung von Projektmanagement-Standards

Bevor das Teilprojekt *Umsetzung PM* freigegeben werden konnte, wurde ein Projektbasisdokument angefertigt, das nochmal die wichtigsten Eckdaten des Projekts beschreibt (Abb. 56).

Projektbasis

Projekttitel:

„Pilotprojekt Einführung von Projektmanagement- Standards im Kompetenzbereich Oberflächentechnik"

Teilprojekte:

- Analyse-Projekt der aktuellen Situation
- Umsetzung Projektmanagement
- PM-Software

Projektziel:

Implementierung von strukturierter Projektarbeit sowie evtl. Einführung einer Projektmanagement-Software

Rahmenbedingungen:

- Gewachsene Organisationsstrukturen
- Schnittstellen zu anderen Abteilungen
- Parallelität von Alltagsgeschäft und Projekten
- Mehrere Projekte in einem Kompetenzfeld
- Übernahme mehrerer Projekte durch einzelne wissenschaftlichen Mitarbeiter
- Kompetenzfeldübergreifende Akquirierung von Mitarbeitern und Ressourcen z.T. auch kompetenzbereichsübergreifend

Auftraggeber:

MPA/IfW-Leitung

Projektleiter:

Elena Maja Slomski

Abb. 56: Projektbasis „Einführung von Projektmanagement-Standards im KBO" (Quelle: Eigene Darstellung in Anlehnung an Litke, H.-D. (2007), S. 332).

Das Teilprojekt *Umsetzung Projektmanagement* wurde wiederum in kleinere Unterprojekte und Arbeitspakete aufgegliedert. Abb. 57 zeigt den Projektstrukturplan für das Teilprojekt *Umsetzung PM*.

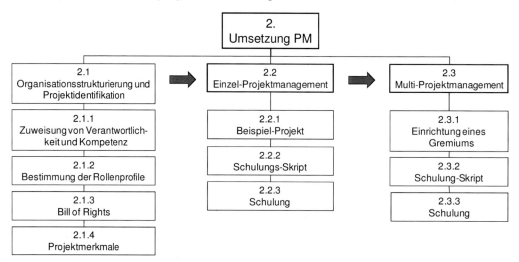

Abb. 57: PSP Teilprojekt Umsetzung von Projektmanagement-Standards (Quelle: Eigene Darstellung).

Das erste Unterprojekt ist die *Organisationsstrukturierung und Projektdefinition*. Die aus der Analyse abgeleiteten strukturellen Voraussetzungen und Rahmenbedingungen sollen in entsprechenden Arbeitspaketen angepasst und verbessert werden. Hierdurch wird das Fundament für ein erfolgreiches Projektmanagement gelegt.

Das zweite Unterprojekt ist die Umsetzung des *Einzel-Projektmanagements*. Dieses beinhaltete die Vermittlung und Implementierung des operativen Projektmanagements. Die konkrete Umsetzung von Projektarbeit innerhalb einer speziellen Organisationsform verlangt neben der organisatorischen Strukturierung, der Klärung von Rollen und Befugnissen und der einheitlichen Definition von Projekten, zudem das entsprechende Know-how und die formale Grundlage (Dokumente) für eine effiziente Durchführung. In Form einer Schulung für die Mitarbeiter des Kompetenzbereichs Oberflächentechnik und der Erarbeitung und Zurverfügungstellung von Dokumenten zur Analyse, Beauftragung, Planung, Umsetzung, Steuerung und dem Abschluss von Projekten, soll ein einheitliches Vorgehen gesichert werden.

Auf einer dritten Stufe erfolgt schließlich die Umsetzung des *Multi-Projektmanagements*. Das mittelfristige Ziel eines vollständigen und nachhaltigen Projektmanagements schließt die Einführung von Multi-Projektmanagement-Standards mit ein. Um eine erfolgreiche Umsetzung von Multi-Projektmanagement im Kompetenzbereich Oberflächentechnik zu gewährleisten, ist eine einheitliche Daten- und Wissensbasis, die ein nachvollziehbares und strukturiertes Vorgehen aller Projektleiter gewährleistet, notwendig. Nur so kann der *Projektportfolio-Koordinator*[148] die Herausforderung der Steuerung mehrerer, parallel laufender Projekte erfolgreich umsetzen.[149]

4.3.1 Umsetzung Organisatorische Strukturierung

Im Rahmen der Neuorganisation müssen die individuellen Rechte der am Projekt beteiligten Funktionen geklärt werden, um so Klarheit in die Schnittmenge gleicher Rechtsansprüche zu bringen. Das gesetzte Ziel der Neustrukturierung ist eine Matrix-Projektorganisation (Abb. 58). Hierdurch soll gewährleistet sein, dass den ernannten Projektleitern, die für eine erfolgreiche Durchführung des Projekts notwendigen Weisungs- und Entscheidungsbefugnisse zugesprochen werden.

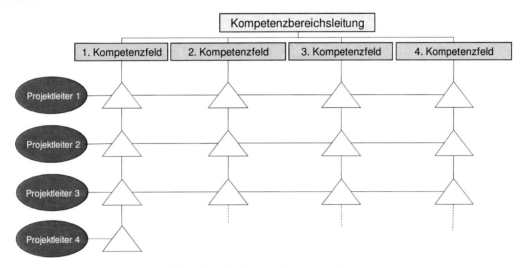

Abb. 58: Zielstruktur Organisation KBO (Quelle: Eigene Darstellung).

Verbindliche Rollenbeschreibung: *Bill of Rights*

Zunächst wurde ein sogenannter *Bill of Rights*[150] erarbeitet. Hierin sind Rollenprofile der am Projekt beteiligten Personen dokumentiert und allgemeingültig hinterlegt. Das Dokument wurde auf Basis einer Beispielvorlage gemeinsam mit den Kompetenzfeldverantwortlichen und dem Kompetenzbereichsleiter an die Gegebenheiten des Kompetenzbereichs Oberflächentechnik angepasst und vervollständigt (Abb. 59).

---

[148] Vgl. 3.1 Basiswissen Operatives Projektmanagement.

[149] Vgl. Stöger, R. (2007), S. 173.

[150] Vgl. u.a. Kupper, H. (2001), S. 46ff.;

Rollen der Projektbeteiligten bzw. „Bill of Rights" Kompetenzbereich O

	Aufgaben/Verantwortung
Auftraggeber	• Projekt in Auftrag geben und Projektleiter bestimmen • Fällen von Meilenstein-Entscheidungen (Freigabe, Weiterarbeit, Projektabschluss) • Unterstützung des Projekts/Projektleiters gegenüber der Linie und innerhalb der Organisation • Abnahme des Projektergebnisses • Trägt die Verantwortung für das Projektergebnis/Kundennutzen • Vertretung des Projekts nach oben und nach außen
Projektleiter	• Ziele festlegen/Meilensteine bestimmen und Abstimmung mit dem Auftraggeber • Gestaltung der Aufgaben für Projektmitarbeiter • Organisation des Projekts (Ablauf, Verwaltung, etc.) • Treffen von projektspezifischen Entscheidungen • Kontrolle und Beurteilung des Projektfortschritts • Trägt die Verantwortung für das Projektergebnis/Kundennutzen • Vertretung des Projekts nach oben und nach außen in Abstimmung mit dem Auftraggeber • Aufgabenverteilung und Ressourcennutzung abstimmen, kommunizieren und festlegen • Rahmenbedingungen klären (Umfeldanalyse, Schnittstellen)
Interne Gremien (Lenkungsausschüsse, Entscheidungsgremien, Planungsgremien etc.)	• Koordination des Projektportfolios • Identifikation strategischer Projekte, • Kategorisierung, Bewertung, und Priorisierung von Projekten und deren Abhängigkeiten, • Einheitliche Berichterstattung über den Status, die Potenziale und Kennzahlen der verschiedenen Projekte, • Krisenbewältigung, • Organisation der Nutzung von Synergien, • Durchführung regelmäßiger Reviews und Projektabschlüsse
Projektmitarbeiter	• Operative Umsetzung der Aufgabenpakete • Umsetzung und Verantwortung der Ergebnisse innerhalb ihrer Aufgabenstellung
Externe Mitarbeiter	• Einbringen von fehlendem technischen Know-how • Beraten aber nicht Entscheiden • Kontakte zu Interessensgruppen aufrechterhalten • Produktiver Beitrag zum Projekt
Linienvorgesetzter	• Personalverantwortung • Koordination der Routinetätigkeiten in der Linie • Investitionsplanung
Kunde	• Darstellung der Erwartungen und Vorstellungen • Feedback/Rückspiegelung des Kundennutzens • Beurteilung des Projektergebnisses/Resultat

Abb. 59: Rollen der Projektbeteiligten bzw. Bill of Rights KBO (Quelle: Offizielles Dokument des KBO).

Befugnisse des Projektleiters

Darüber hinaus wurden die Befugnisse und Verantwortlichkeiten des Projektleiters verbindlich festgehalten (Abb. 60).[151]

"Befugnisse des Projektleiters" Kompetenzbereich O

1. Mitwirkungsrecht bei der Zieldefinition des Projekts, sowohl im Hinblick auf Leistungsziele wie auch auf Kosten und Termine

2. Projektbezogenes Informationsrecht auch über die regelmäßige Berichtspflicht der beteiligten Stellen hinaus

3. Projektbezogenes Weisungsrecht. Der Projektleiter ist berechtigt Stellen projektbezogene Weisungen zu geben. Diese beziehen sich auf die Rahmenangaben der jeweils übertragenen Arbeitspakete, nicht auf das "Wie" der Aufgabenerfüllung, das allein in der Kompetenz der Fachabteilungen liegt. Zu den projektbezogenen Weisungen gehören insbesondere die Abgrenzung von Teilaufgaben, die Verpflichtung zur Abstimmung von Schnittstellen (technisch und organisatorisch), die Weitergabe von Arbeitsergebnissen und die Bereitstellung von projektbezogenen Informationen. Auftretende Konflikte sollen partnerschaftlich gelöst werden, andernfalls setzt sich der Projektleiter mit den betroffenen Vorgesetzten ins Benehmen.

4. Projektbezogenes Entscheidungsrecht. Lässt sich bei divergierenden Auffassungen in der Projektgruppe nach eingehender Beratung keine einvernehmliche Regelung erzielen, so entscheidet der Projektleiter.

5. Mitspracherecht bei der Bestimmung der durch die Fachabteilungen zu benennenden Verantwortlichen für Teilaufgaben und Vorschlagsrecht bei der Vergabe von Arbeitspaketen an externe Stellen.

6. Berechtigung zur verbindlichen Vereinbarung von Arbeitspaketen entsprechend der Projektdefinition mit projektbeteiligten Stellen.

7. Freigabe von Arbeitspaketen durch Erteilung der Erlaubnis an die beteiligten Fachabteilungen, das entsprechende Arbeitspaket mit den anfallenden Kosten zu belasten.

8. Berechtigung zur Akzeptierung oder Zurückweisung von Projektteilergebnissen, z.B. an Meilensteinen.

9. Recht auf Anhörung vor zu treffenden projektstrategischen Entscheidungen (z.B. Abbruch des Projekts) durch den Projektsteuerungsausschuss.

10. Recht zur Einberufung und Leitung der Sitzungen des Projektteams.

Abb. 60: Befugnisse des Projektleiters KBO (Quelle: Offizielles Dokument des KBO).

---

[151] Vgl. Schelle, H. (2007), S. 79.

Ebenso wie die Erarbeitung der Bill of Rights, geschah dies in Zusammenarbeit mit den Kompetenzfeldverantwortlichen und dem Kompetenzbereichsleiter. Die in der Literatur gängigen Merkmale des Projektleiterprofils dienten hierbei als Grundlage und wurden wiederum an die speziellen Voraussetzungen des Kompetenzbereichs Oberflächentechnik angepasst.

Definition *Projekt* im Kompetenzbereich Oberflächentechnik

Im Laufe der Zeit hat sich das Verständnis des Begriffs Projekt dahingehend verändert, dass heute oft eine spezielle Arbeitsform, sprich die Zusammenarbeit in einer speziellen Organisationsform, damit assoziiert wird. Ein zunehmender und immer schneller werdender Wandel von Umfeld und Leistungsvoraussetzungen verlangt eine schnelle Anpassung, Umgestaltung und Entwicklung im Unternehmen und fordert eine entsprechende flexible und dynamische Aufbau- und Ablauforganisationen. BALCK bezeichnet dies mit dem Begriff eines *temporären sozialen Systems*[152], das den Rahmen für den projekteigenen Prozess vorgibt und innerhalb eines definierten Zeitraumes existiert.[153] Insbesondere im Zuge des Change Managements, der Lösung von spontan auftretenden Problemsituationen und der Erfüllung komplexer Kundenanforderungen wird gerne auf die Bildung von Kleingruppen mit temporärem Charakter zurückgegriffen. Es findet folglich eine Vermischung von routineorientierten Wertschöpfungsprozessen und im Projekt organisierten Geschäftsprozessen statt, die im eigentlichen Sinn keine Projekte sind, jedoch einen projektähnlichen Charakter haben. Es lässt sich eine Angleichung, Ausweitung und Überschneidung von Methoden im Routinebereich und Methoden der Projektarbeit feststellen, die ursprünglich gegensätzliche Methoden darstellten.[154]

Auch bei der Einführung von Projektmanagement-Standards in den Kompetenzbereich Oberflächentechnik des MPA/IFW erwies sich die eindeutige Abgrenzung von Routinetätigkeiten und Projektarbeit als schwierig. Um zu gewährleisten, dass nur solche Tätigkeiten in das Projektmanagement einbezogen werden, die auch tatsächlich Projektcharakter aufweisen, musste eine Analyse der Tätigkeitsbereiche aller im Kompetenzbereich Oberflächentechnik vorhandenen Stellen erfolgen. Die Stellenbeschreibungen für die verschiedenen Tätigkeitsbereiche sowie die Auswertung des Fragebogens waren die Grundlage für die Definition von Projektmerkmalen.[155]

---

[152] Vgl. u.a. Fuchs, M. (1999), S. 60-61; Patzak, G./Rattay, G. (1996), S. 17; Malik, F. (2000), S 45.

[153] Vgl. Balck, H. (1996), S. 7.

[154] Vgl. Balck, H. (1996), S. 17.

[155] Vgl. 4.2.3 Analyse der bereits umgesetzten .

Die in Abb. 61 dargestellte *Projektdefinition* wurde schließlich in einem gemeinsamen Treffen mit den Kompetenzfeldverantwortlichen und dem Kompetenzbereichsleiters erstellt.

„Projektdefinition" - Projektmerkmale KBO

Muss-Kriterien:

Definierter Anfang
Definiertes Ende
Komplexität der Aufgabenstellung
Vorgabe eines konkreten Ziels
Unterteilbarkeit in Teilprojekte/Arbeitspakete
Festlegung von Meilensteinen
Vorhandensein eines Auftraggebers/Auftragsdokument
Möglichkeit der zeitlichen Planung/Strukturierung
Zeitliche, finanzielle, personelle und andere Begrenzungen

Kann-Kriterien:

Neuartigkeit der Aufgabenstellung
Einmaligkeit der Aufgabenstellung
Nutzung bereichsübergreifender Ressourcen/Mitarbeiter
Akquirierung verschiedener Fachleute/Spezialisten
Vorhandensein eines Kunden
Abgrenzbarkeit gegenüber anderen Vorhaben
Notwendigkeit für die Bildung eines Projektteams

Abb. 61: Projektdefinition KBO (Quelle: Offizielles Dokument KBO).

Anhand der hier festgehaltenen Projektmerkmale muss vor Auftragsfreigabe durch den jeweiligen Auftraggeber definiert werden, ob es sich um einen Projektauftrag handelt. Sind die *Muss-Kriterien* durch die Aufgabenstellung erfüllt, ist der Aufrag zwingend als Projekt anzusehen. Die *Kann-Kriterien* hingegen lassen dem Auftraggeber eine Wahlmöglichkeit, ob die Durchführung der vorliegenden Aufgabe anhand von Projektarbeit sinnvoll ist oder nicht.

4.3.2 Umsetzung Einzel-Projektmanagement

Die Durchführung einer Schulung bzw. eines Workshops zum Thema *Operatives Projektmanagement* ist ein geeignetes Mittel zur praktischen Unterstützung der Einführung von Projektmanagement-Standards und den hieraus resultierenden Veränderungsmaßnahmen. Ein Workshop dient grundsätzlich zur Umsetzung von „[...] mittel- und längerfristigen Entwicklungs- und Veränderungsprozessen [...]“.[156]

Das ursprüngliche Arbeitspaket *Schulung Einzel-PM* wurde aufgrund des Arbeitsaufwands, der für die Vorbereitung der Schulungsunterlagen notwendig war als eigenständiges Unterprojekt behandelt. Der in Abb. 62 dargestellte Strukturplan veranschaulicht das Vorgehen sowie die zu klärenden Inhalte.

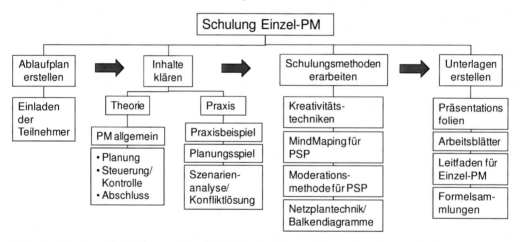

Abb. 62: Strukturplan Schulung Einzel-PM (Quelle: Eigene Darstellung).

Für die Unterstützung der Schulung und die Erprobung der zusammengestellten Schulungsunterlagen wurde die Planung eines bereits fortgeschrittenen F&E-Projekts im Kompetenzbereich Oberflächentechnik beispielhaft erarbeitet. Die in Kapitel 3.3 verwendeten Abbildungen sind unter anderem Ergebnisse der umgesetzten theoretischen Grundlagen und erarbeiteten Dokumente für die Planung des Projekts. Die Planung des Beispiel-Projekts war maßgeblich für die Auswahl der Methoden und Instrumente, die in der Schulung vermittelt

---

[156] Doppler, K./Lauterburg, Ch. (2002), S. 379.

wurden und im Anschluss an diese Arbeit für alle weiteren Projekte im Kompetenzbereich Oberflächentechnik genutzt werden sollen.

Ein Meilensteinplan diente der Fortschrittskontrolle. Die Meilensteine wurden im Laufe des Unterprojekts erfolgreich erreicht und die Planung regelmäßig auf den aktuellen Stand gebracht (Abb. 63, Abb. 64).

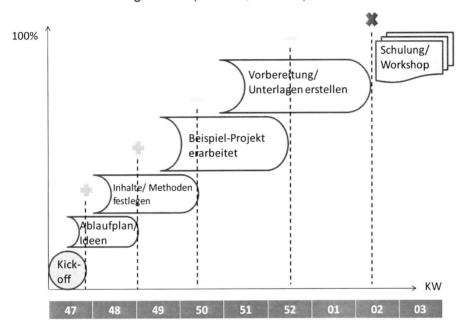

Abb. 63: Meilensteinplan des Unterprojekts *Schulung*, Stand 01.12.2008 (Quelle: Eigene Darstellung).

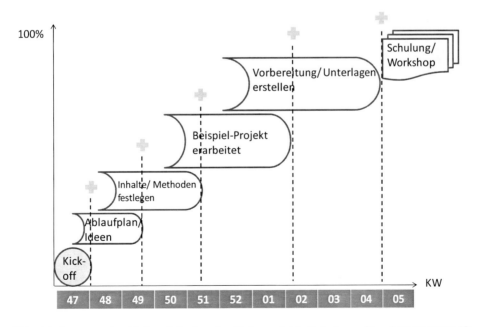

Abb. 64: Angepasster Meilensteinplan des Unterprojekts Schulung, Stand 06.02.2009 (Quelle: Eigene Darstellung).

Im Rahmen der Schulung sollten die derzeitigen und zukünftigen Projektleiter in das operative Projektmanagement eingeführt werden. Es wurde ein einleitender Vortrag zum Thema Projektmanagement gehalten sowie Arbeitsunterlagen zur Planung, Steuerung und Kontrolle zur Verfügung gestellt. Des Weiteren sollte anhand eines Praxisbeispiels sowie einer Szenarienanalyse im Bereich des Konfliktmanagements die praktische Umsetzung anschaulich vermittelt werden. Hierfür war eine zweitägige Veranstaltung angesetzt. Aufgrund des Faktors Zeit, der für die Mitarbeiter des Kompetenzbereichs für eine solche Veranstaltung zur Verfügung gestellt wurde, fand die Schulung jeweils nur morgens statt.

Am 19.01.2009 fand der theoretische Teil der Schulung im Seminarraum des MPA/IfW statt. Anhand einer Kartenabfrage sollte sich jeder Teilnehmer zunächst über seine Erwartungen an die kommenden zwei Tage klar werden. Die Teilnehmer erhielten hierzu je zwei Karten, die an einer Pinnwand gesammelt wurden. Am 20.01.2009 wurde dann in Form von Gruppenarbeit die Umsetzung der theoretischen Grundlagen geübt. Die Ergebnisse wurden beispielhaft von zwei Gruppen präsentiert und mit allen Teilnehmern diskutiert. Zum Abschluss wurde ein Feedback-Bogen verteilt und die zuvor gestellten Erwartungen nochmals reflektiert. Das Fazit und Feedback der Schulung vielen insgesamt positiv aus, wobei ein vielfach geäußert Kritikpunkt die zu kurze Zeit war, die für die Schulung zur Verfügung stand.[157]

4.3.3 Abschluss Teilprojekt Umsetzung PM

Mit der Durchführung der Schulung endete auch das Teilprojekt *Umsetzung-PM*. Wie bereits anhand der Situationsanalyse prognostiziert, reichte der zeitliche Rahmen, der für die vorliegende Arbeit angesetzt war, nicht aus, um Projektmanagement auf allen Ebenen des Kompetenzbereichs Oberflächentechnik vollständig umzusetzen. Umso wichtiger ist beim Abschluss dieses Teilprojekts, dass die Dokumentation und Bereitstellung der gemachten Erfahrungen, Erkenntnisse und Unterlagen sichergestellt sind.[158]

Die erstellten Dokumente und Dateien

- Leitfaden für Projektleiter,

- Schulungs-Skript operatives Projektmanagement,

- Beispiel-Projekt,

- Formelsammlungen Aufwandsschätzung, Netzplantechnik, integrierte Projektkontrolle sowie

---

[157] Informationen zur Schulung und Schulungsmaterial sind im Anhang dokumentiert.
[158] Vgl. Kapitel 3.3.4 und Wissensmanagement.

- Dokumente und Vorlagen für die Projektplanung, -steuerung und den Projektabschluss

wurden in einem Ordner gesammelt und dieser auf dem Server des Kompetenzbereichs Oberflächentechnik abgelegt. Zudem wurden Ordner für aktuell laufende, geplante und abgeschlossene Projekte angelegt, die von den Mitarbeitern des Kompetenzbereichs entsprechend genutzt werden sollen.[159]

Durch vertiefende Schulungen sollen die bereits bearbeiteten Inhalte vertieft und weiterführendes Wissen vermittelt werden. Zudem soll im nächsten Schritt die Umsetzung des Multi-Projektmanagements, zur Vervollständigung eines Projektmanagements auf allen Ebenen der Organisationseinheit, erfolgen.

---

[159] Vgl. Kapitel 3.3.4.3 Wissensmanagement.

4.4 Projektabschluss und Lessons Learned

Zum Abschluss eines Projekts gehört die Reflexion der gemachten Erfahrungen. Insbesondere im Hinblick auf einen zukünftigen *Rollout* des hier erarbeiteten Vorgehenskonzepts zur Einführung von Projektmanagement-Standards auf die verbleibenden Kompetenzbereiche des *Zentrums für Konstruktionswerkstoffe Staatliche Materialprüfungsanstalt Darmstadt Fachgebiet und Institut für Werkstoffkunde* (MPA/IfW), sollen hier nochmal kurz die wichtigsten Erkenntnisse zusammengefasst werden.

1. Die frühzeitige Integration aller, von der Veränderungsmaßnahme betroffenen Mitarbeiter ist essentiell für den Projekterfolg. Hierzu gehören ins-besondere die Kick-off-Veranstaltung und Befragungen im Rahmen der Situationsanalyse. Ist eine persönliche Befragung der Mitarbeiter möglich und sinnvoll für die Informationsgewinnung, sollte immer diese Befragungs-variante gewählt werden. Der persönliche Kontakt fördert die Integration der Mitarbeiter und kann Widerstände verringern.

2. Eine Umfangreiche Information und Kommunikation während der Umsetzungsphase ist wichtig für die Prävention und Behebung von Widerständen. Insbesondere der informellen Kommunikation kommt eine entscheidende Rolle bei der Durchbrechung von Widerständen zu. Besonders vorteilhaft ist es, wenn der externen Arbeitskraft ein Arbeitsplatz in der Organisationseinheit zur Verfügung gestellt wird. Hierdurch wird sowohl die formelle als auch informelle Kommunikation vereinfacht.

3. Regelmäßige Treffen mit den Vorgesetzten und Führungspersonen zum Abgleich des Projektfortschritts, das gemeinsame Abhaken von Meilen-steinen und beidseitiges Feedback, stabilisieren die formelle Kommunikation. Hierdurch wird verhindert, dass sich die ursprünglich gute Idee aufgrund mangelnden oder schwindenden Interesses verläuft.

4. Eine Schulung in Verbindung mit Gruppenarbeit bzw. Workshops zur Vermittlung von wesentlichen Inhalten, unterstützt die Einführung von Methoden und Instrumenten maßgeblich. Hierdurch wird die Akzeptanz der neuen Arbeitsmethoden und Dokumente gefördert und die spätere selbst-ständige Anwendung sichergestellt.[160]

5. Die Erprobung der Methoden und Instrumente anhand eines Beispiel-Projekts ist zu empfehlen. Hierdurch können die erstellten Unterlagen und zu vermittelnden Inhalte praktisch getestet und wenn notwendig angepasst und

---

[160] Vgl. Kapitel 2.3.3.1 Widerstände in Veränderungsprojekten.

verbessert bzw. ergänzt werden. Zudem fördert es die Kommunikation sowie die Integration der betroffenen Mitarbeiter.

5 Projektabschluss und Zusammenfassung

Ziel der vorgestellten Arbeit war der Entwurf sowie die Implementierung eines Konzepts zur Einführung von Projektmanagement-Standards in eine Organisationseinheit im Maschinenbau. In Form eines Pilotprojekts wurde, gemeinsam mit dem Kompetenzbereich Oberflächentechnik des *Zentrums für Konstruktionswerkstoffe Staatliche Materialprüfungsanstalt Darmstadt Fachgebiet und Institut für Werkstoffkunde* (MPA/IfW), ein Vorgehenskonzept entwickelt, das die nachhaltige und mitarbeiterfreundliche Implementierung von Projektmanagement gewährleistet.

Die in der Analysephase des Pilotprojekts ermittelten Rahmenbedingungen und Anforderungen an ein, für diese Organisationseinheit angepasstes Projektmanagement, legten die Notwendigkeit für strukturelle und arbeitstechnische Veränderungen offen. Die hier gewonnenen Informationen bezüglich der Rahmenbedingungen und Anforderungen waren ausschlaggebend für das weitere Vorgehen und die zeitliche Planung der Arbeitspakete. Insbesondere die bereits vorhandenen Kenntnisse der Mitarbeiter, die bereits gelebten Projektmanagement-Standards und die Intensität des Widerstandes waren maßgeblich für die Fortschrittsgeschwindigkeit des Projekts.

Aus der Situationsanalyse ging hervor, dass eine gemeinsame Basis für ein erfolgreiches Projektmanagement noch nicht geschaffen war. Die Herausforderung bestand darin, zunächst ein Fundament für die neue Arbeits-, Führungs- und Organisationform Projektmanagement zu legen. Hierzu gehörten sowohl die organisatorische Neustrukturierung, die Definition von Projektmerkmalen als auch die Vermittlung des grundlegenden Wissens im operativen Projektmanagement.

Das Ergebnis der Analyse war, dass der ursprünglich erarbeitete Projektplan für die Einführung eines Projektmanagements auf allen Ebenen der Organisationseinheit im zur Verfügung gestellten Zeitraum nicht vollständig durchführbar sein würde. Das Teilprojekt *Umsetzung PM* konnte letztendlich aus zeitlichen Gründen nur bis zum Unterprojekt *Schulung* durchgeführt werden. Die Projektplanung wurde daraufhin angepasst und das weitere Vorgehen mit dem Kompetenzbereichsleiter abgestimmt.

Die nachfolgende Grafik zeigt nochmal die wichtigsten Meilensteine auf dem Weg zur Einführung von Projektmanagement im Kompetenzbereich Oberflächentechnik bis zum heutigen Stand (Abb. 65).

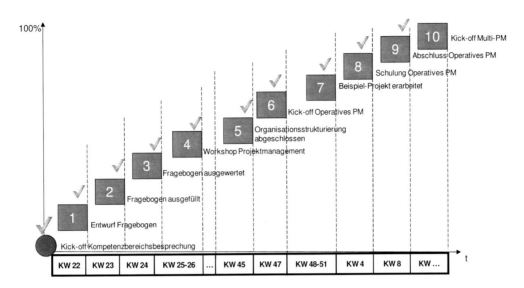

Abb. 65: Meilensteinplan Einführung von Projektmanagement KBO (Quelle: Eigene Darstellung).

Der nächste Schritt des hier erarbeiteten Vorgehens-Konzepts für die vollständige und nachhaltige Umsetzung von Projektmanagement im Kompetenzbereich Oberflächentechnik, ist der Kick-off für das Multi-Projektmanagement. Der bisherige Verlauf des Projekts und die erfolgreich abgeschlossenen Zwischenziele bilden ein starkes Fundament für die noch fehlende Implementierung des Multi-Projektmanagements.

Die letzte Projektphase, die Einführung einer Projektmanagement-Software bietet sich erst an, wenn ein individuell angepasstes Projektmanagement vollständig eingeführt ist und auch gelebt wird. Ein Software-Tool kann immer nur ein unterstützendes Element sein und ersetzt nicht das Know-how und die aktive Umsetzung einer speziellen Arbeitsweise. Sollte eine Software notwendig sein, kann diese gekauft oder individuell entwickelt werden.[161]

Über den gesamten Projektlebenszyklus hinweg spielte das Thema Change Management eine wesentliche Rolle. Die gemachten Erfahrungen während der praktischen Einführung von Projektmanagement-Standards in eine gewachsene, stark hierarchisierte Organisationeinheit haben bestätigt, dass der *Mensch* der ausschlaggebende Faktor für die erfolgreiche Durchführung von Veränderungsprojekten ist. Es galt die Mitarbeiter des Kompetenzbereichs von der Notwenigkeit und der Machbarkeit der bevorstehenden Veränderungen zu überzeugen und auf Widerstände entsprechend vorsichtig einzugehen.

Ängste und Skepsis gegenüber neuer, geänderter Arbeits-, Organisations-, und Führungsformen und hierdurch befürchtete Machtverluste und Beschneidungen

---

[161] Vgl. hierzu auch Schelle, H. (2007), S. 281.

der eigenen Handlungsfreiheit führen zu Widerständen, die eine solche Maßnahme verzögern oder sogar zum Scheitern bringen können. Die Erarbeitung verbindlicher Rahmenbedingungen und Regeln, die stetige Information und Integration aller betroffenen Personen und insbesondere eine intensive formelle sowie informelle Kommunikation sind ausschlaggebend für den Projekterfolg und sollten nicht unterschätzt werden.

„Neue Strukturen allein schaffen noch keine neuen Menschen".[162]

Das Pilotprojekt *Einführung von Projektmanagement-Standards* stellt eine Vorlage für den *Rollout* auf die übrigen Kompetenzbereiche der MPA/IfW dar. Projektmanagement soll in naher Zukunft in allen Kompetenzbereichen Anwendung finden. Die im Verlauf dieser Arbeit erstellten Projektstrukturpläne, Meilensteinpläne sowie Balken- und Netzdiagramme liefern das entsprechende Vorgehenskonzept hierfür. Das bereits vorhandene Schulungsmaterial und das weitere Vorgehen innerhalb des Kompetenzbereichs Oberflächentechnik erleichtern und verkürzen die praktische Umsetzung in den übrigen Kompetenzbereichen.

Vor einer Anwendung der hier erarbeiteten Unterlagen auf andere Kompetenzbereiech ist jedoch immer eine Anpassung notwendig. Jede Organisationseinheit bringt andere Voraussetzungen und Rahmenbedingungen im Sinne von aufbau- und ablauforganisatorischen Strukturen, vorhandenem Wissen im Projektmanagement sowie einer eigenen Arbeitskultur mit sich. Eine Veränderungsmaßnahme von solchem Ausmaß kann nur Erfolg haben, wenn sie auf die individuellen Bedürfnisse abgestimmt ist und den betroffenen Personenkreis aktiv in das Vorhaben einbindet.

Zusammengefasst bedeutet dies, dass sowohl das weitere Vorgehen im Kompetenzbereiech Oberflächentechnik als auch der *Rollout* auf die übrigen Kompetenzbereiche aktiv begleitet werden müssen. Eine nachhaltige Implementierung braucht, nicht zuletzt aufgrund des Faktors *Mensch*, Zeit und bedarf der ständigen Pflege und Vertiefung sowohl arbeitstechnischer als auch organisatorischer Inhalte. Hierzu bieten sich insbesondere weitere Schulungen im operativen Projektmanagement sowie das Einrichten eines entsprechenden Projektbüros oder Gremiums an. Eine solche Einrichtung kann den Kompetenzbereichen bei Fragen und Problemen im Projektmanagement zur Seite stehen und Veranstaltungen zur Vertiefung des Know-how anbieten.

---

[162] Doppler, K. et al. (2002), S. 13.

Literaturverzeichnis

Ahuja, H./Dozzi, S./Abourizk, S. (1994): Project Management. Techniques in Planníng and Controlling Construction Projects. 2nd ed., New York u.a. 1994.

Allgeier, F. (2005): Wege zur effizienten Projektkultur. Eine nachhaltige Projektkultur ist ein wichtiger Wettbewerbsvorteil – sie verlangt allerdings ein Umdenken vor allem bei den Führungskräften. In Bankenmagazin 8/2005, S. 58-59.

Balck, H. (1996): Projektorientierung und Routine-Welt im neuen Wirtschaftsbild. In Balck, H. (Hrsg.): Networking und Projektorientierung. Gestaltung des Wandels in Unternehmen und Märkten. Berlin/Heidelberg 1996, S. 3-31.

Bär, A. (2001): Projektmanagement bei der konzernweiten Einführung eines betriebswirtschaftlichen Standardanwendungssystems. Univ. Mannheim, Diss., 2001.

Bergmann, R./Garrecht, M. (2008): Organisation und Projektmanagement. In Kornmeier, M./Schneider, W. (Hrsg.) (2008): BA Kompakt. Heidelberg 2008.

Bleicher, K. (1991): Organisation. Strategien, Strukturen, Kulturen. 2., vollst. neubearb. und erw. Aufl., Wiesbaden 1991.

Boy, J./Dudek, C./Kuschel, S. (2006): Projektmanagement. Grundlagen, Methoden und Techniken, Zusammenhänge. 12. Aufl. Offenbach 2006.

Braehmer, U. (2005): Projektmanagement für kleine und mittlere Unternehmen. Schnelle Resultate mit knappen Ressourcen. München/Wien 2005.

Burghardt, M. (2006): Projektmanagement. Leitfaden für die Planung, Überwachung und Steuerung von Projekten. 7., wesentl. überarb. und erw. Aufl., Erlangen 2006.

Burghardt, M. (2007): Einführung in Projektmanagement. Definition, Planung, Kontrolle, Abschluss. 5., überarb. und erw. Aufl., Erlangen 2007.

Dammer, H./Gemünden, H.G./Lettl, Ch. (2006): Qualitätsdimensionen des Multiprojektmanagements – Entwicklung eines Messkonzepts. In: ZFO - Zeitschrift Führung und Organisation, Heft 3, Stuttgart 2006, S. 148-155.

DIN 69 901 (1987): Verfügbar: http://www.din.de/cmd?level=tpl-home&contextid=din (Letzter Zugriff am 24.02.2009).

Doppler, K. et al. (2002): Unternehmenswandel gegen Widerstände. Change Management *mit* den Menschen. 10. Aufl., Frankfurt/New York 2002.

Doppler, K./Lauterburg, Ch. (2002): Change Management. Den Unternehmenswandel gestalten. 10. Aufl. Frankfurt/Main 2002.

Drucker, P.F. (1984): Die Praxis des Managements. Ein Leitfaden für die Führungs-Aufgaben in der modernen Wirtschaft. Unveränd. Nachdr., 6. Aufl., Düsseldorf/München 1998.

Eschwei, W./Blume, J. (o.J.): Positive Kundenerfahrungen mit dem PM-Diagnosesystem der GPM. http://www.gpm-ipma.de/docs/fdownload.php?download=PMdelta.doc (Letzter Zugriff: 17.02.2009).

Eversheim, W. (1995): Prozessorientierte Unternehmensorganisation. Konzepte und Methoden zur Gestaltung "schlanker" Organisationen. Berlin u. a. 1995.

Fuchs, M. (1999): Projektmanagement für Kooperationen. Bern u.a. 1999.

Gemünden, H.G./Dammer, H. (2004-2006): Kurz-Zusammenfassung Ergebnisbericht Multiprojektmanagement-Studie 2004-2006. Techn. Univ. Berlin. Lehrstuhl für Innovations- und Technologiemanagement. Verfügbar: www.multiprojektmanagement.org (Letzter Zugriff am 24.02.2009).

Grasl, O./Rohr, J./Grasl, T. (2004): Prozessorientiertes Projektmanagement. Modelle, Methoden und Werkzeuge zur Steuerung von IT-Projekten. München 2004.

Grübler, G. (2005): Ganzheitliches Multiprojektmanagement. Mit Fallstudien in einem Konzern der Automobilzulieferindustrie. In Biethahn, J./Schumann, M. (Hrsg.): Göttinger Wirtschaftsinformatik. Göttingen 2005.

Hab, G./Steinhauer, F. (2000): Sonderdruck aus dem Tagungsband des 17. Deutschen Projektmanagement Forum: Projektmanagement – Strategien und Lösungen für die Zukunft. „Nachhaltige Umsetzung von Projektmanagement als Geschäftsprozess garantiert Kundenzufriedenheit". Frankfurt am Main 11. Bis 14. Oktober 2000.

Hab, G./Wagner, R. (2006): Projektmanagement in der Automobilindustrie. Effizientes Management von Fahrzeugprojekten entlang der Wertschöpfungskette. Wiesbaden 2006.

Hammer, M./Champy, J. (1996): Business Reengineering. Die Radikalkur für das Unternehmen. Michael Hammer; James Champy. Aus dem Engl. von Patricia Künzel. 6. Aufl., Frankfurt a. M./New York 1996.

Hansel, J./Lomnitz, G. (2003): Projektleiter-Praxis. Optimale Kommunikation und Kooperation in der Projektarbeit. 4., überarb. und erw. Aufl., Berlin u.a. 2003.

Hauschildt, J. (2004): Innovationsmanagement. 3., völlig überarb. und erw. Aufl., München 2004.

Heintel, P./Krainz, E. (2000): Projektmanagement. Eine Antwort auf die Hierarchiekrise? 4. Aufl. Wiesbaden 2000.

Hub, H. (1994): Aufbauorganisation. Ablauforganisation. 1. Aufl., Wiesbaden 1994.

Imai, M. (1994): Kaizen: der Schlüssel zum Erfolg der Japaner im Wettbewerb. 6 .Aufl. Berlin 1994.

Johansson, H. J. (1994): Business Process Reengineering: Breakpoint Strategies for Market Dominance. 1. publ. in paperback, Chichester u. a. 1994.

Kerzner, H. (1998): Project Management. A System Approach to Planning, Scheduling, and Controlling. 6th ed., New York u.a. 1998.

Keßler, H./Winkelhofer, G.A. (1997): Projektmanagement. Leitfaden zur Steuerung und Führung von Projekten. Berlin/Heidelberg/New York 1997.

Kieser, A./Kubicek, H. (1983): Organisation. 2., neubearb. und erw. Aufl., Berlin/New York 1983.

Kolisch, R./Pfnür, A. (2003): Vorlesungsskript Operatives Projektmanagement. Sommersemester 2003, Fachbereich Rechts- und Wirtschaftswissenschaften der Techn. Univ. Darmstadt 2003.

Kreitel, W.A. (2008): Ressource Wissen. Wissensbasiertes Projektmanagement erfolgreich im Unternehmen einführen und nutzen. Mit Empfehlungen und Fallbeispielen. 1. Aufl. Wiesbaden 2008.

Kunz, Ch. (2007): Strategisches Multiprojektmanagement. Konzeption, Methoden und Strukturen. Mit einem Geleitwort von Prof. Dr. Wolfgang Becker. 2., aktual. Aufl.. Wiesbaden 2007.

Kupper, H. (2001): Die Kunst der Projektsteuerung. Qualifikationen und Aufgaben eines Projektleiters. 9., völ. überarb. Aufl. München 2001.

Kuster, J. et al. (2006): Handbuch Projektmanagement. Heidelberg u.a. 2006.

Kuster, J. et al. (2008): Handbuch Projektmanagement. 2., überarb. Aufl., Berlin/Heidelberg 2008.

Landau, K./Hellwig, R. (2005): Projektmanagement. Grundlagen und Anwendung. Stuttgart 2005.

Leyendecker, P. (2006): Priorisierung von Projekten. In Hirzel, M./Kühn, F./Wollmann, P. (Hrsg.): Projektportfolio-Management: Strategisches und operatives Multiprojektmanagement in der Praxis. Wiesbaden 2006, S. 79-92.

Litke, H.-D. (2007): Projektmanagement. Methoden, Techniken, Verhaltensweisen. Evolutionäres Projektmanagement. 5., erw. Aufl., München 2007.

Lomnitz, G. (2004): Multiprojektmanagement. Projekte erfolgreich planen, vernetzen und steuern. 2. aktual. Aufl., Frankfurt/M. 2004.

Madauss, B.J. (2000): Handbuch Projektmanagement. 6. Aufl. Stuttgart 1984.

Majetschak, B. (Übers.) (2003): Projektmanagement. Ein systemorientierter Ansatz zur Planung und Steuerung. Übersetzung der 8. englischsprachigen Ausgabe, Bonn 2003.

Malik, F. (2000): Strategie des Managements komplexer Systeme. Ein Beitrag zur Management-Kybernetik evolutionärer Systeme. 6., unveränd. Aufl., Bern/Stuttgart/Wien 2000.

Mayerhofer, H./Meyer, M. (2007): Projekte und Projektmanagement in NPOs. In Badelt, Ch./Michael, M./ Simsa, R. (Hrsg.) (2007): Handbuch der Nonprofit Organisation. Strukturen und Management. 4., überarb. Aufl. Stuttgart 2007.

Meier, R. (2006): Projektmanagement. Fünf Schritte zu einem erfolgreichen Projektmanagement. Arbeitsheft: Selbstlernkurs Projektmanagement. Offenbach am Main 2006.

Meredith, J.R./Mantel, Jr.S.J. (2006): Project Management. A Managerial Approach. Sixth Edition. USA 2006.

Möhrle, M.G. (Hrsg.) (1999): Der richtige Projekt-Mix. Erfolgsorientiertes Innovations- und FuE-Management. Berlin/Heidelberg 1999.

Motzel, E. (2006): Projektmanagement – Lexikon: Begriffe des Projektwirtschaft von ABC – Analyse bis Zwei-Faktoren-Theorie. Weinheim 2006.

Müller, Ch. (2003): Projektmanagement in FuE-Kooperationen: eine empirische Analyse in der Biotechnologie. Techn. Univ. Hamburg-Harburg, Diss., 2003.

Nolte, H. (1999): Organisation. Ressourcenorientierte Unternehmensgestaltung. München/Wien 1999.

Patzak, G./Rattay, G. (2004): Projektmanagement. Leitfaden zum Management von Projekten, Projektportfolios und projektorientierten Unternehmen. Wien 2004.

Perillieux, R. (1987): Der Zeitfaktor im strategischen Technologiemanagement. Früher oder später Einstieg bei techn. Produktinnovationen? Techn. Hochsch. Darmstadt, Diss., Berlin 1987.

Pfetzing, K./Rohde, A. (2006): Ganzheitliches Projektmanagement. Ibo Schriftenreihe Band 2, 2. bearbeitete Aufl., Gießen 2006.

Pfetzing, K./Rohde, A. (2009): Ganzheitliches Projektmanagement. Ibo Schriftenreihe Band 2, 3. bearb. Aufl., Gießen 2009.

Pfnür, A. (2006): Vorlesung Operatives Projektmanagement (PM I). Sommersemester 2006, Fachbereich Rechts- und Wirtschaftswissenschaften der Techn. Univ. Darmstadt 2006.

Pinkenburg, H.F.W. (1980): Projektmanagement als Führungskonzeption in Prozessen tiefgreifenden organisatorischen Wandels. –Theoretische Perspektiven und praktische Erfahrungen bei Reorganisationen dargestellt am Beispiel der Einführung von EDV-Systemen. Univ. München, Diss., 1980.

PMI (Hrsg.): A Guide to the Project Management Body of Knowledge. Dritte Ausgabe. Pennsylvania, USA 2004.

PMI Standards Committee, Duncan, W.R (1996): A Guide to the Project Management Body of Knowledge. North Carolina, USA 1996.

Rosenau, Jr.M.D. (1998): Successful Project Management. A Step-by-Step Approach with Practical Examples. Third Edition. USA 1998.

Schelle, H. (1989):Zur Lehre vom Projektmanagement. In: Reschke, H./Schelle, H./Schnopp, R. (Hrsg.) (1989): Handbuch Projektmanagement. Band 1, Köln 1989.

Schelle, H. (2007): Projekte zum Erfolg führen. Projektmanagement systematisch und kompakt. 5. Aufl. München 2007.

Schröder, H-H. (2004): Die Parallelisierung von Forschungs- und Entwicklungs(F&E)-Aktivitäten als Instrument zur Verkürzung der Projektdauer im Lichte des „Magischen Dreiecks" aus Projektdauer, Projektkosten und Projektergebnissen. In: Zahn, Erich (Hrsg.): Technologiemanagement und Technologien für das Management. Stuttgart 1994, S. 289-323.

Schuh, G. (2006): Change Management – Prozesse strategiekonform gestalten. Berlin/Heidelberg 2006.

Shtub, A./Bard, J./Globerson, S. (1994): Project Management – engineering, technology and implementation. London 1994.

Sonntag, K. (2002): Ressourcen optimieren – Erfolgsfaktoren im Veränderungsprozess. Vortrag im Rahmen des Symposiums *Erfolgreich verändern* 27./28. November 2002 in Heidelberg. Verfügbar: www.sero. uni-hd.de/publikationen/01_BWS_V_Sonntag.ppt. (Letzter Zugriff am 05.02.2009).

Stöger, R. (2007): Wirksames Projektmanagement. Mit Projekten zu Ergebnissen. 2.Aufl., Stuttgart 2007.

Vahs, D. (2007): Organisation. Einführung in die Organisationstheorie und –praxis. 6., überarb. und erw. Aufl., Stuttgart 2007.

Winkelhofer, G.A. (1997): Methoden für Management und Projekte. Ein Arbeitsbuch für Unternehmensentwicklung, Organisation und EDV. Berlin/ Heidelberg 1997.

Womack, J. P./Jones, D. T. (2005): Lean Solutions. How Companies and Customers Can Create Value and Wealth Together. London 2005